环境色彩规划

［日］吉田慎悟　著

胡连荣　申畅　郭勇　译

中国建筑工业出版社

著作权合同登记图字：01-2009-0352号

图书在版编目（CIP）数据

环境色彩规划／（日）吉田慎悟著；胡连荣等译．—北京：中国建筑工业出版社，2010.12
ISBN 978-7-112-12690-3

Ⅰ.①环… Ⅱ.①吉… ②胡… Ⅲ.①城市规划－色彩－景观－研究 Ⅳ.①TU984.1

中国版本图书馆CIP数据核字（2010）第228800号

中国北京市三里河路9号　100037
本书由丸善株式会社授权翻译出版

责任编辑：费海玲　刘文昕
责任设计：陈　旭
责任校对：王金珠　姜小莲

环境色彩规划
［日］吉田慎悟　著
胡连荣　申　畅　郭　勇　译
*
中国建筑工业出版社出版、发行（北京西郊百万庄）
各地新华书店、建筑书店经销
华鲁印联（北京）科贸有限公司制版
北京方嘉彩色印刷有限责任公司印刷
*
开本：880×1230毫米　1/32　印张：4½　字数：144千字
2011年3月第一版　　2011年3月第一次印刷
定价：35.00元
ISBN 978-7-112-12690-3
（19916）

目　录

序 言

景观法与色彩

对色彩的喜好因人而异，因此限制私宅的外墙颜色遭到很多人反对。但是看看现在日本呈混乱状态的色彩环境人们就会给予理解，即便是个人所有物，在众人目光可及的部分，色彩使用上还是必须有一定的规则。2005年6月，为了推进良好的景观建设，日本实行了《景观法》。《景观法》的基本理念中写道，良好的景观是国民共同的资产。为了逐步培育地域的景观，人们要认识到即使是个人所有的住宅，其外观也是地域景观的构成要素，而且还应该考虑到同周边的关系。色彩与周边的关系和谐时看起来才会美。如果任由个人喜好而随心所欲使用色彩，城市景观就不能成为地域的资产。《景观法》虽然尊重地域的个性，但正是为了扶植这种个性化的景观，更要赋予色彩以重要的位置。在选定地区、规划建筑物形态创意的同时进行色彩方面的限制也成为了可能。今后，日本各地的景观建设将会活跃起来。为了扶植作为地域资产的景观，应该如何恰当地使用色彩？针对这一问题，作为本书的执笔，本人致力于在举出环境色彩规划实例的同时，尽可能进行简单易懂的解说。

设计是附加值吗

在1920年代，我有机会在著名的色彩学家让·菲利普·朗科洛（Jean-Philippe Lenclos）的工作室对法国的市街色彩进行了研究，那时接触到的法国传统的城市景观之美至今依然难忘。由于用在屋顶和外墙上的建材很协调，城市保持了整体的统一感。在玄关周边有各式各样个性化的色彩使用，一边走一边观赏，令人非常愉快。城市始终保有作为整体的统一感，而形形色色的民居的个性展现正是在这种统一感中实现的。世界各地传统建筑物的建材，基本上都是使用当地出产的石材或木材。这些是由当地的气候、水土所孕育的东西。住在那里的人们以当地自然造化的色彩为基调,运用了各种各样的工艺和智慧培育出了城市风景。了解地域的色彩，在尊重它们的基础上去培育风景的手法，是我作为色彩设计师的根本。在大学时代接触到的日本的设计，偏重于人工造物，追求畅销的造型。在那个时期，对物体所置放的场合有欠考虑，而去追求形态和色彩的新鲜、显眼。

虽然我认识到了色彩不仅仅赋予物体附加值，但是在学生时代没有找到具体展开这个观点的方法。然而，有幸领略到了使用当地素材，让统一感和个性并存的法国的城市景观，这使我领悟到了全新的设计的真谛。

色彩并非化妆

在法国，当我从接触的本地积累下来的东西中发现规则、赋予其时代的创造性、进而逐步培育风景的这种手法时，就能够同单纯作为附加值的设计告别了。风景不仅仅是从外面装饰，也是对建筑物里面人们生活的表现。有人认为环境色彩设计是建筑物的化妆术，但自从看到统一性和个性同时并存的法国传统的城市景观之时开始，我就认识到色彩不是施于表面的化妆,而是反映内在的皮肤。

最近，市民参与的城市建设变得活跃起来，而我参加类似活动的机会也多了。作为色彩设计者，我认为不仅要从外部环境对色彩提出建议，设计出从内部渗透出来的作为皮肤的色彩，参加地域活动、使城市景观更具活力更是必要的。

维系细分化设计的色彩

本书是我截至目前在日本各地实践过的、环境色彩规划中的想法汇总的产物。环境色彩规划不是单纯的提出适合建筑物的漂亮色彩，它还用于营造地域的风景。并且，这种风景和当地的生活存在很深的联系。所以，了解这个地域是非常重要的事情。我认为，关键不在于用领先于潮流的新鲜色彩妆点城市，而在于让人们认可已然在当地积淀下来的色彩。环境色彩规划一般来说还是鲜为人知的陌生领域。但是，色彩与所有的设计领域都有关联，因此它能将被细化划分的设计领域联系起来。环境色彩规划，是以城市景观为媒介，将目前的设计领域统合起来的全新的设计领域。

第一章　日本美丽的城市

巴黎的城市图景

东京的城市图景

日本美丽的城市

风景般的色彩

让·菲利普·朗科洛对法国传统的城市景观色彩进行了调查，将各种各样的城市景观色彩方面的特征总结在题为《法兰西的色彩》一书中。在这本书中收录的城市风景个个魅力十足。日本是否也有像这样富有魅力色彩的城市？我抱着这样的疑问，从1920年代后半期开始探寻日本的地域色彩。我的大学时代也是重新审视民俗学和地域设计调查的时期，出现了新的流行趋势，但一般的设计都在追赶欧美，并因为无法赶上而遭遇失败。风景也是一种意识，在那些持续模仿外国风格的设计者眼中，难道没有看到日本的城市景观之美吗？我并非去模仿，而是思考法国的传统城市景观的美丽的韵味，由此，我逐渐懂得了在湿润的气候水土之中用心造就日本城市景观色彩的美丽之处。

重要传统建筑群保存地区的色彩

日本在第二次世界大战中遭受了毁灭性的打击。在那之前随处可见的木质结构的传统房屋大部分都被烧毁消失了。地方上残留下来的历史建筑物和城市景观在高度经济发展中被拆除，被新的功能性建筑物所取代。但是，渐渐的历史的城市景观价值也得到了重新认识。

第一章就让我们欣赏日本国家指定的重要传统建筑群保存地区（传统建筑地区）的城市景观的色彩吧。传统建筑地区的建筑物几乎都是木质结构，因此所使用的色彩也就自然地约束在限定的范围里了。二战后的住宅为了防火而开发使用了各种各样的新建材。但截至昭和初期，日本的住宅一般都是木质结构，由土、漆和木板建造而成。屋顶多是瓦或茅草等，没有像现在这样自由地选择色彩的余地。木材材质本身固有色彩的范围比较窄。但是，这种在有限的色彩范围中绘制成的城市景观表情（风貌）具有非常丰富的变化，大量使用鲜明的原色并不能给城市景观带来欢乐和热闹的感觉，有序的运用色彩会形成有个性的、令人印象深刻的城市景观表情。如果观察一下过去在日本随处可见的美丽城市景观的色彩运用，可以看出日本的环境色彩规划的方向性。

融入大自然的村落——美山町（京都府）

与背景的山一体化的农村村落

美山町是位于京都府大约中央位置的美丽村落，被指定为日本国家的重要传统建筑地区。

我是在过了盛夏酷暑之后的9月份来到美山町的。收割前金灿灿的稻穗，茅草搭成的巨大屋顶衬在屋后满山绿色的背景上感觉非常和谐，形成了令人印象深刻的风景。大约250栋据说是先祖遗留下来的民居由木板墙、茅草屋顶和暗灰色的瓦构成，让人感觉温暖又宁静平和，这些低彩度色组合在一起整齐而协调。民居的形态与有机的大自然形成对比，但其色彩并不超过周边自然的彩度，而是与其相互融合。白色的荞麦花格外醒目，而融入大自然中的民居的色彩就成了它的背景色，这也更衬托了白色的花朵吧。

青苔覆盖的茅草屋顶

美山町民居的屋顶，也有些是重新铺设没多久的，还掺杂着相对明亮的色调，但大部分的茅草屋顶都很陈旧，失去了明亮的色彩，变成了同墙面上使用的木材相近的色调。岁月长河让茅草铺就的屋顶爬满了青苔，但那些活的青苔鲜亮的绿色与陈旧之后呈现暗灰色的茅草恰好形成了对比，非常漂亮。在这里，有生命的大自然告诉我们变化的色彩有多么美丽，民房的色彩是千变万化的大自然色彩的一个组成部分。低彩度使人感觉安宁的色彩，整齐和谐，这样的民房集中起来形成的风景绝不会是灰暗落寞的。

非常醒目的标记色彩

在村落中漫步，从远处可以看到并不显眼的墙面色上细致的匠心独运之处，也很容易看出少许的颜色差异。那是涂刷成红色的消火栓，即使比较小的设备在这也非常醒目。在为了提高瞩目性而竞相使用高彩度颜色的大城市中，像这样小的消火栓就不会引人注目吧。美山町的民房因为使用自然材料，融入到了与自然界基调色的大地色彩比较接近的范围中。所以说，生活中必要的标记色彩即使非常小，也充分实现着它的功能。这个村落作为大地的一部分融入了自然，如画一般的映衬着群山的绿色和荞麦花的色彩，形成了美丽的风景。

民居的形态与周围有机的自然环境形成轻微的对比，但色彩比周围自然的绿色彩度还要低，并不刺眼。

美山町民居的茅草或瓦屋顶，大部分都没有突出的色彩，与背景的山很和谐，金色的稻穗和白色的荞麦花传达着季节的变迁。

漫步于村落，从挂在屋檐下的农作物等可以窥测到美山町的日常生活。

时光悠闲流逝——萩市（山口县）

拥有丰富素材

萩市位于山口县北部，由于这里是活跃于明治维新时期的高杉晋作和木户孝允的出生地而广为人知。萩市的传统建筑地区分为堀内区、平古安区、浜崎区这三个地区，无论其中哪个地区都弥漫着宁静的风情。走在这些地区，可以看到贴着石材、漆或瓦的厚重的墙连成一片片。堆积多层的灰瓦的窄边与填涂在瓦片间隙中的褐色的土两者之间的对比非常漂亮。满含现代工艺制品所没有的独特匠心而精心建成的墙令人百看不厌。墙体的石材和漆、土的颜色，同铺设在其上的暗灰色的本瓦和栈瓦之间的强烈对比也富于魅力。这些墙面由土和漆制成而使彩度保持在低度，但丰富的质感使任何一段墙都有着厚重的存在感。有很多东西历经悠长岁月，但它们被时光磨蚀的样子讲述着那些年代值得一看的价值。在现代,新型的建筑材料陆续开发出来，建筑理念的多样化表现也成为了可能，但是却很少再见到在萩市的传统建筑地区领略过的那样有风格的墙。从饱经风霜自成风格的素材和使这素材更具观赏性的匠心中可学到很多东西。

令人想念的街巷

在萩市传统建筑地区的武士住宅围有又厚又长的墙。因此，这与那些门面狭窄的商店比肩接踵构成多变的街景，有着不同的趣味，时光在这里悠闲地流淌，在纷繁芜杂的都市中无论如何都体味不到这样的心境。目光所及的色彩的对比都很沉静，能安稳地散步，因此注意力也会被吸引到长墙的深刻匠心上。

大都会东京的日常生活经常处在原色的强烈信息之中。最近连上下班的电车中也放映运动的图像。人们几乎无法拒绝这种强烈的信息刺激。如果经常身处于来自外部的强烈的刺激性的信息当中，人们岂不停止思考了吗？千变万化令人目不暇接的原色的信息也有其魅力，但类似萩市这样的令人怀念的风景，对生活在都市中的人们来说难道不是很重要的东西吗？

萩市靠近日本海，在缓缓流淌的河两岸是成排的充满历史感、沉静的民居。

萩市把武士住宅周围有气派的石头堆砌的墙保存了下来。自然的石材和白色的漆形成鲜明的对比，非常漂亮。

围绕在屋外的墙有着非常的质感。精心垒砌而成的暗灰色瓦和土的结合，在复杂的变化中蕴含着丰富的表情。

铁锈红色的市镇——吹屋（冈山县）

铁锈红色的城市

虽然很早以前就曾听说过吹屋那个地方墙壁为氧化铁暗红色的房屋鳞次栉比，但实际看到的城市色彩比想象中的更加印象深刻。吹屋由道路两侧有着长长的醒目红色外墙的房屋构成。走在这里的路上，人们会不断地反复看到带有红色的色彩，因此看起来给人的印象比单独剪下来的图片感觉更深刻。日本的传统建筑物多由木材、土墙和漆墙建造而成，一般都归结为采用平和的低彩度的颜色。虽然多多少少也存在着一些能使人感受到色彩韵味的城镇街景，比如兵库县出石町的红色土墙和爱媛县内子町的黄色土墙等，但其中要数吹屋的红色墙更有一番特别强烈的色彩韵味。

统一性与多样性

红色的吹屋外墙颜色是建筑物很少使用且比较难处理的色彩。在一般的住宅街区中如果用这种色彩来涂饰的话，与周边的居民会有不协调的感觉，甚至会被指责吧。然而，在吹屋所看到的这种铁锈红色是很美丽的。在吹屋的房子屋顶上，铺满了带有醒目的红色烧斑的瓦片。同时，除了铁锈红色的外墙，人们还使用了菱形纹的黑白瓦楞板墙和木制的格子。铁锈红色与建筑物的设计理念以及材料很好地协调进而达成了平衡，而不是仅突出强烈的红色色彩。并且，吹屋的铁锈红色还有微妙的变化，决非单一颜色。收于某种特定的色系之内，这个色系中存在着多种多样的颜色斑纹，赋予了城镇风景以统一感和适度的变化。

回归色彩的关系

过去，当地出产的材料和建筑技术使城镇风景的统一感和多样性之间的平衡得以保持，创造了与大自然相协调的美丽风景。但是随着经济的发展，建筑材料的自由流通，地域特有的建筑工艺也失传了，城镇逐渐变得纷繁杂乱缺少魅力。近年来，我们观察那些在都市的近郊单独出售的单户住宅街区，虽然在色彩的使用上做了很多努力，但因为仅仅追求各个住宅的商品价值竞争，根本没有意识到作为城镇风景要建立统一感。住宅作为孤立的个体无论怎样去装饰对城镇风景都谈不上有何裨益。为了重现同吹屋一样美丽的城市风景，必须着眼于色彩的关联性，推动地域色彩规则的创建工作。

吹屋的街头绵延着一排排给人强烈色彩韵味感的铁锈红色房屋。屋顶的瓦也是红褐色，非常整齐，随处可见的黑白瓦楞板墙恰好起到了画龙点睛的作用。

吹屋的红墙颜色在其他地方几乎找不到翻版。偏红色调的色彩有着较强的力度，但作为一个整体统一使用起来，就令城市景观呈现出了个性的美。

黄土色的故乡——内子町（爱媛县）

黄土色的城市

爱媛县的内子町境内，从江户时代到明治时代以生产蜡烛而盛极一时的城市景观留存至今。在被指定为传统建筑地区的八日市护国地区，平房鳞次栉比，外墙都是用土调成的漆料涂成黄土色。对这种墙进行颜色检测发现它们都是Y（yellow）系，明度8、彩度3左右的色值。此外屋顶上铺设着瓦片，这种瓦的颜色主要以接近非彩色、明度为3至4左右的暗灰色为中心，其特点在于可大范围重叠铺设。在这种黄土色的墙上适当地结合使用了白色漆料和黑白瓦楞板墙、木材裙板等建材。其中，生产蜡烛的本芳家族和上芳家族的沉稳雄壮的商家豪宅建筑，其黄土色的墙呈现明亮而亲切的外观。

隐居生活的乐趣

游走在这些地区，信步走进开放的店铺里，也许会不期而遇地有幸参观产品的制作过程。过去，人们在日常生活中应该能经常接触到更多的手艺人的工作吧。虽然在其他的传统建筑地区古建筑也被完整地保留下来了，但是往往不能很好地再现当地的生活情景。在内子町，游客时常流连于销售土特产的商店，还有手艺人工作的店铺和当地的人们光顾的理发店等，逛上一逛都是很惬意的事。单纯的建筑物不能成为城市的风景。能让人感受到当地人们的生活场景才会使城镇街景变得生动有趣。在城市中，演变至今的景观形成是重视道路、建筑物、桥梁等的完美建造，而忽视了当地人们的生活方式。仅凭一些没有生命力的材料，再怎么雕凿也不能成为真正的风景。

被院墙围成的小路

在内子町的八日市护国地区，道路的两侧全是鳞次栉比的民房，透过房屋之间的小胡同间或可见对面的风景。走入这种小胡同，两侧黄土色的墙迎面而来，人们在这里会遇到与外面街道不同的别有一番魅力的风景。而且，即使在灿烂的阳光直射的盛夏，也能感受到这样幽深的空间非常凉爽。这种阴阳交替的变化赋予这个地区玄妙莫测的迷人魅力。

在江户时代至明治时代以生产蜡烛而繁盛一时的内子町，还遗留着华丽的商家豪宅建筑。外墙用明亮柔和的黄土色整体涂饰而成，即便是在盛夏时节也不会令人感觉晃眼。

内子町的街道富于变化，非常逸趣深远。向临街的店铺中望去，可以看到手艺人致力于制作产品的身影，也足见当地人生活的城市街巷充满了魅力。

在内子町的街上漫步，会碰到一些非常吸引人的小胡同。与外面的街道不同，这些小胡同里铺洒着凉丝丝的影子。

黑瓦之城——金泽市（石川县）

内蕴深厚的乐趣

已成为传统建筑地区的东茶屋街是以前欣赏技艺的茶屋云集之地。四处走走，在这里也可以看到一些色彩鲜明的铁锈红色墙壁，到处留有丝丝华丽的气氛，但墙壁整体上是以静默的黑色为主。并且，屋顶也铺着金泽特有的全黑的釉彩瓦，更加强了那份宁静的感觉。东茶屋街正是以这样的黑色为基调，来映衬华丽的铁锈红色和夜晚的温暖灯光吧。在东京也能看到为了表现日式氛围而在外墙上使用铁锈红色的料理店，但那种感觉被高色温的亮白路灯和周围强烈的广告、灯箱等散发的光所抵消了，感受不出东茶屋街那种宁谧品格。

抹杀色彩的华丽

大量运用高彩度原色的空间并不会显得华丽。在东京·新宿的歌舞伎町和秋叶原，到处都充斥的耀眼的色光，演绎着喧嚣，而映入眼帘的尽是广告·灯箱之类的原色，街上的行人看起来却显得空洞了。此外，各家争相提高彩度，一味闪烁着的眩目广告，看起来彼此都没什么区别，不清楚它们究竟在表达什么。看到像东茶屋街这样控制色彩的空间时，我才知道了什么才是色彩的真正华丽。我想，现代大都市是因为色光的过度竞争而失去了颜色本来所拥有的那种艳丽。

顺应时代的感性

金泽也有“美食之都”的美称。在东茶屋街，不仅有历史氛围的店铺，还有全新感觉的料理店和装修时尚漂亮的咖啡屋。有些在外观上保持着历史的城市风貌，也有些把室内作为现代空间进行了改造的店铺。低色温的温暖的照明，过去一直使用的古香古色的梁和柱，生动再现了这些全新空间，也迅速刺激了我们的味觉。在不乏古韵同时又修饰一新的室内，时光悠闲的流淌。在这样的地方我再次认识到，吃不仅仅是味觉体验，还可以使全部感官都动起来是件令人愉快的事情。在金泽，有犀川和浅野川两条河流流过，水边的景观被巧妙地纳入城市景观，后者因此得到了扩展。东茶屋街上的“东山”城市景观一直绵延到浅野川大桥，水边的声音对城市风景来说也是很重要的因素。

在东茶屋街上，排列着的全都是抑制亮度和彩度的宁静风格的建筑物。在这样低调且平和的城市街景中，铁锈红色的外墙制造出了华丽的气氛。

外墙上使用的木材经过岁月风霜的洗礼，逐渐显现出黑色，这看起来反而比崭新的白色木材更增添了一番风味。褪色之后会逐渐互相融入调和，这也是天然材质的优点。

冬季的金泽市寒冷，也没有颜色。然而，在东茶屋街上看到雪与风格宁静平和的木制建筑物相互协调，情调不减。

小岛的传统建筑地区——笠岛（香川县）

拥有天然良港的岛

在古代作为盐饱水师的根据地而曾经非常繁荣的盐饱本岛，离丸龟市行船约20分钟的路程，是一个悬浮于濑户内海上的直径约16km的小岛。拥有天然良港的笠岛位于这个本岛的东北部，从这里可以眺望到将本州和四国连接起来的壮观的濑户大桥。显示了高超的现代土木技术的巨大桥梁连接着多个岛屿，横跨大海的景象令人震撼，笠岛上的平房以及至多2层建筑的小住宅群与濑户大桥形成了鲜明对比，很有威严感。在笠岛保存着江户后期至明治时期的历史建筑物，透过支撑下层屋顶的梁柱和细格虫笼窗等可以看出当时细致的匠心。

隐居的生活

现在的盐饱本岛没有高校，年轻人流向外地，居民多是老年人。走在笠岛的街巷，会看到一些门窗紧闭的房子，据说这里面有一些是为了追求生活的便利而移居到都市留下房子的家庭。走在甚至不能通行汽车的宁静的网状小道上，通过屋檐下晾干的农作物等，可以窥见岛上生活方式的一斑，很是有趣。视线穿过夹在房屋之间的小胡同，可以看到漂亮的蓝色大海。

在笠岛有很多房子用表面经烧烤而蒙上一层炭的木板作外墙装饰，也能发现历经岁月洗礼泛黄的白漆和黑白的瓦楞板墙。很多屋顶上仅仅覆盖有着弧度的凸形本瓦。此外房子在地基上施以石材堆砌，这些是运用了被称作“筑簖”的高难度的石工技术，精巧组合而成的产物。

细致的考量

因被指定为传统建筑地区后可申领补助金，这推进了民房的改装和改建。保留传统样式的同时，建材是崭新干净的，这一点也有目共睹。被指定为传统建筑地区的当初，对房屋进行改装改建时，从外到内都相当严格地要求再现过去的样式。现在这种限制稍稍放宽了，特别是室内的设计装修，为了适应现代的生活允许做些变动。保存历史建筑物当然是一件很重要的事情，但对于生活在这里的人们来说，若生硬的保存同现代的生活不相适应的样式，会让人反感吧。即使历史性建筑物保存下来了，若没有在其中生活的居民，城市也不能成为真正的城市。

在小小的盐饱本岛对面可以看到集现代土木技术之大成的雄伟的濑户大桥。笠岛的房屋街景由整齐的暗灰色瓦屋顶构成，与蔚蓝色大海的对比非常美丽。

被指定为传统建筑地区的笠岛正在推进重建工程，可以看到数家重新修复的房屋。这些都是采用与过去同样的木材、土石材料建造的，故而城市街景有统一感。

由木材、漆墙、石材以及瓦屋顶整齐构建而成的城市街景也同时保持着适度的变化。即便在竞相追求个性的大城市近郊住宅街区，人们也希望拥有笠岛这样作为整体统一感和适度的变化。

水运之乡——佐原市（千叶县）

拥有水路的慢节奏生活

佐原的城镇是关东被指定的为数不多的传统建筑地区之一。佐原保留了很多木质结构和仓库式的临街房屋等传统建筑，曾作为利根川下游繁华商埠的风景延续至今。佐原并不是一个很大的城市，但除了沿河的商家建筑之外还保留了漂亮的异域风格建筑，由此可以看出过去的繁华。在缓缓蜿蜒蛇行的小野川沿岸种植着柳树，水面上也停泊着船只。落脚在能够远望河流的旅馆里，眺望停泊的船只和沿河的仓库，可体会到时间停留在遥远的过去一般的乐趣。

节日的景色

每年7月和10月，佐原都有盛大的节庆活动。这时可以在水乡佐原花车会馆看到环城游行的花车。大祭祀中游行的花车与九州唐津的“御九日”的神轿相似，仿造鲤鱼和鹰的造型以及鲜明的用色使节日气氛热情高涨。日本很早以前就有晴和阴的概念，将阴天的日子理解为色彩稳重而少变化的日常生活；相反，晴天的日子里则洋溢着华丽的色彩，城市景观为之一变。正是这种晴和阴的区别，为生活谱写出了适度的韵律吧。阴晴有度，便于区别地用色放到现代也是很重要的概念。在每天都争相涌现新景观的大都市商业区，已看不到每逢晴日那份色彩鲜亮的艳丽。如果重视对色彩的触动和感受，那么即使在都市，也同样应该控制色彩，再现阴天的日子里所形成的风貌。

风景和味觉

领略过河流缓缓流淌的历史城市风景后，也许就会期待当地的美食。美丽的城市不应该缺少美食。历史悠久的城市以其丰富的饮食文化，再现了酒、大酱汤和酱油等的生动灵趣。通过以往对有序用色的美丽城市不断探寻，漫游日本各地的经验，我逐渐认识到城市景观同饮食文化有着很深刻的关系。在城市景观和饮食文化得到良好保存的过程中，不会缺少手艺人技术的积累传承和文人墨客的存在。美丽并且有美食的城市是不能速成的。

佐原曾作为商业都市而繁荣昌盛。至今沿着水路岸边依然保留着当时的城镇景观。能够看到运河上漂泊的船只，别有一番风情的景色。

佐原也保存着不同时代的建筑物，体现出城市景观的多样性。7月和10月举行盛大的节庆活动，吸引众多游客前来观光，晴日风情建筑别具一格，满城热情洋溢。

水边的日子——仓敷市（冈山县）

风景是地域资产

游客众多的仓敷，不仅有仓敷河边遗留下来的豪商宅邸、昭和时代建成的大原美术馆，还有利用仓敷纺织所的红砖厂房改建的仓敷常春藤广场等，都是随着时代的变迁积存下来的资产，时至今日仍被继续合理利用，这也正是仓敷的魅力所在吧。仓敷把年代、样式各异的建筑物都保存了下来，让人从中感受到塑造城市的智慧。国家或地方政府没有生搬硬套地单纯和欧美比较，建设毫无个性的设施，而是让人强烈地感受到当地居民对塑造故土原有景物的热情。这种感性造就了富于个性的水边城市,时至今日仍有很多观光客吧。仓敷的繁华证明了个性化的风景是当地很重要的资产。生活在毫无个性，失去地方特色的都市里的人，憧憬统一感和个性并存，像仓敷这样的城市，这种愿望以后也会越来越强烈吧。

地域的基因

在美景地区的车站两翼的对面，修建了模仿丹麦的TIVORI公园的主题公园。这个仓敷TIVORI公园与古时保留下来的景观不同，颇具欧洲风格，别有情趣。在泡沫经济期前后，以迪斯尼乐园为首的主题公园在日本大行其道。但是，可能是近年来海外旅行越来越便宜的缘故，国内这种主题公园热潮也渐渐平息了，有些设施甚至根本没有游客不得不关张。仓敷TIVORI公园对于当地人来说，也能像位于丹麦的原版公园那样不可或缺吗。短时间内模仿别人造就的空间，感觉缺少了像运河沿岸的美景区所塑造的那种当地基因。可见把当地特有的氛围往别处移植并不那么简单吧。

色彩因土地的光线而发生变化。日本因气候湿润，色彩在空气中发散，没有干燥气候中那种鲜明的对比。仓敷景观区的那种美景只有在日本的湿润空气中才能体会到。

仓敷的沿河岸边保留着洋式建筑，富于变化的城市令人陶醉。这种多样化的城市风景在平面上得以扩展，在周边游走可以看到很多别有情趣的景色。

仓敷的城市风貌，不仅仅是固守传统，洋式的店铺与历史建筑相互融合协调，形成了全新的风景。

一派生机的色彩——祇园新桥（京都府）

京都的阴影

信步于京都街头是一件极其有趣的事，眼前沿街的房子随着季节的变化呈现出各种风貌。木质结构的房子色彩上应该没有变化，但不时用于祭祀的饰物，或者夏天的席子之类应季的生活用品以及融入其间的细致用心，都共同给城市带来了变化。京都的临街房前很少看到街路树，但是环绕周围的群山景色和京都人的生活，随着季节发生的变化，也都鲜明地呈现眼前。一般临街房子的构成几乎没有彩色的世界，在这种控制彩度的城市里所看到的季节颜色特别明艳。没有色彩的背景让它的颜色呈现得更加令人印象深刻。实际上色彩有美也有丑，仅以色彩为直接对象去努力，不可能营造出真正的美丽。随四季变幻的景物、控制彩度的房屋、几乎无色的石板，它们完美地交织在一起，正是这些造就了京都临街房的美丽。现代的日本都市竭尽努力，追求本来无须改变原貌的建筑物的色彩，治理广告・招牌之类杂乱无章的色彩及令人眼花缭乱的变化。仅仅强调变化的环境显得浮躁，失去了色彩本身鲜活的生命力。京都的变化色彩和不变色彩之间的协调关系值得现代都市学习。

使用墨的美

在京都新桥和祇园看到的酒馆招牌，很多只是简单的白底黑字墨迹的店名。这种毫无色彩可言的小招牌，不仅和风景融合在一起，入夜点亮温暖的灯光时，这种反差也形成了一个不可或缺的亮点。《景观法》实施也包括整治无序广告招牌等活动，但也应该认识到招牌同样是构成当地风景的因素。广告招牌类的设计者不能只强调所要表现的店铺或商品，更要仔细考虑身处的地域景物。无论竖立多么醒目的招牌如不能提升当地景观的品质，客流也不会增加，城市也不能受益。通过制定地域规则并在其管束下展开竞争，提高设计水平，增加高品质的广告招牌，才能使城市受益。

京都拥有群山与穿城而过的河流融为一体的景致。这种随着季节变化的风景极富魅力。

随着季节变化的京都景色精致而美丽。在这里连屋檐下晾晒的翻盖餐盒也会成为游客的拍照目标，领会京都人美化生活的艺术。

令人大开眼界的神话世界——白川乡（岐阜县）

保持合理性的美

1976年，白川乡的荻町被指定为国家重要传统建筑群保护地区，并于1995年列入联合国教科文组织的世界遗产名录。白川乡位于飞禅（禅：原文汉字为马＋单）高山西北方向，约50公里车程中路过可纵览村落全景的小高岭，从这里向下俯视，散布全村的奇特构筑的合掌屋尽收眼底，看起来简直就是神话国度。被群山环绕的民居屋顶已经与大地的颜色浑然一体，只有色彩消融、人工建造的合掌屋超然于自然景物之上。有别于自然景观，整然有序而独具匠心的大屋顶颇具个性魅力。并不醒目的色彩中杂陈着斑驳青苔，屋顶的本色已很难分辨。彩度比周围生长的树木更鲜艳夺目，按合掌结构造型的屋顶十分突出。正是这种色与形的平衡，才造就了与自然融为一体的美丽景色吧。据说，德国建筑师布鲁诺·汤特面对白川乡农民建造的这种合掌屋发出赞叹之后，写了《日本美之再发现》一书。在这多雪的地区经过长时间的不断实践，俯瞰令人大开眼界的村落时，才发现这种合理的样式美，并深深感慨于人类的睿智。近年来见到的白川乡住宅都建造于经济上富足、技术手段更完备的现代。但是无论多少房子的集合，形成的风景都是单薄的，肯定称不上美丽。日本的现代都市，在通过技术进步克服地域的严酷气候的同时，这种演变没有走向完美，反而带来了景观的混乱。

动换的丰美景色

有一年夏天，在一片青山映衬的蓝天下我走访了这个村落。观光客很多，一排排揽客的饮食店中传出各种风格的音乐，显得很热闹，但是走在不能进车的弯弯曲曲的小道上，景色更加多变而富于情趣。这类变化在经过规划整理的都市棋盘式街道上根本体会不到。合掌结构的房子以自然的土、木、茅草为材料建造而成，与自然界的基调色融为一体。白川乡引人注目的是自然界的花和蝶，村落的色彩并不影响自然景观。如此我们享受到了夏日里丰饶绚丽的自然景色。

深山环绕的白川乡的民居，保持着适应当地严酷气候的合理形态。合掌结构的民居集中起来的情景，简直像来到了神话国度。

近看合掌结构的民居，就像披着蓑衣的人在走动，夸张地说有点幽默的感觉。

白川乡的民居属于不刺眼的沉稳色彩范围。即使这种民居的色彩一成不变，自然界的色彩也在每时每刻地变化。正是这些低明度、低彩度民居色彩的不变，自然界的应季变换才给人留下更深刻的印象。

现代都市

旧貌新颜的日本都市

使用当地生产的建材建设的传统城镇，保留了与群体的统一感，但是，在各种建材自由流通、用化学颜料可满足多彩着色的今天，建筑群已经失去了这种统一感。现代日本都市的色彩处于相当混乱的状态，也有人说这种状况是属于亚洲风格的、时代造就的情趣景观。而且东京·新宿的歌舞伎町和秋叶原的电器街那种无序的景观让很多外国人感兴趣。建筑物的业主或建筑设计者往往热衷于对建筑外观的新奇表现。公寓的开发商为了提高商品价值也强调与同行的区别。通过网络唾手可得的世界信息，更加速了都市面貌的变化。但是就建筑物自身而言一味追求新奇性并不能形成较好的景观。近年来，已开始摸索通过再次开发等形式开创整体统一感的方法，并进行各种尝试。

现代的日本都市

以前建造的房屋基本上是使用当地出产的建材，其色彩也与当地自然界基调的土、石和砂以及树木枝干颜色基本一致。具体来说这些色彩群处于YR（黄红）系或Y（黄）系的低彩度领域内。仔细观察不难发现，事实上这种限定的色彩范围在今天混乱的都市正在继续使用。日本的现代都市充满了各种各样的色彩，但是，刨除广告、招牌之类，看看建筑物墙面的基调，就会发现这些色彩都处在比较狭窄的范围内。历史古镇难得一见的玻璃幕墙或金属面板等告诉我们建材正趋于多样化，但新素材也集中在低彩度，感觉沉稳的色域内。

以低彩度色为准的都市的基调色

都市的市区部分有不少被称为景点的地区。一边保留着红砖结构的车站，一边改建高层写字楼的丸之内，按计划开展整顿的西新宿以及作为新东京脸谱的六本木新城周边等，已不再是单体建筑，如今让人感受到的是整个群体的秩序。就让我们来看看这种讲究秩序的地区的色彩吧。

丸之内

没有招牌的美景

近年来东京车站附近的丸之内购物大道重新修缮,世界级名店罗列于此,成了别具风格的街道空间。走在这里的大街上会发现没有突出的店铺招牌。招牌之类安装得井然有序，与建筑外观平行，仅仅是观赏这些一流名店的商标设计也是一件很快乐的事。这条街道教会了我们思考，没有突兀的招牌给予都市景观的只是柔和的品格吗？日本街道充满了纷杂的信息，以致人们不能悠闲地散步，而走在这里的步行者可以神清气爽地享受别具风格的都市景观。

风格别致的街道

购物大道的临街建筑物的外观都集中于低彩度的色群，此外，处在一层的世界一流名店的展示橱窗都争奇斗艳。道路的铺设也限于非彩色系，以便衬托橱窗的展示，也更加凸显了花坛的鲜花及街角雕塑的存在。建筑外观和地面铺装融入了彩度受限的城市景观背景中，仔细观察就会发现其中别具一格的匠心。建筑外观和铺设朴实无华，只有步行者留心观察才能领会丰富的表情，在日本的其他街道感受不到这种纯粹的体验。丸之内的街道朴实恬静，却又显得丰饶而美丽。

催生当地的符号

红砖砌筑的东京车站是这个地区的符号。围绕这个车站的办公楼群正在实施重建工程，外装修色大体上都限于低彩度的色群。但是作为周边高层化先驱的东京海上大楼使用了同东京车站一样色彩的花砖，引人注目。这幢出于著名建筑设计师之手的红色东京海上大楼，其彩度高于周围的色群，形成了小小的对比。东京海上大楼以单体来看，厚重的形态和花砖的色彩很好地调和在一起，让人以为是昭和时代的有名建筑，作为地区符号的东京车站独家使用的砖红色，使景观多了几分明快。

丸之内购物大街铺设着天然石材，营造了柔和、宁静的景观。恰到好处的雕塑和高大的行道树更令城市增色不少。

丸之内购物大街没有突兀的店面招牌，形成了有品质的街道。在这里能欣赏到世界名品店的招牌设计和橱窗展示。

MM21地区和港湾地区

白色基调的海滨城市

横滨从很早之前就开始控制城市街道及港湾周边的色彩，同时又致力于保护历史性建筑，塑造了当地独有的富有魅力的风景。市中心附近通过填海造地全新建成的未来港口21地区（MM21）的色彩也做了调整，以明快、高明度的外墙延续了城市的整体风格。MM21地区的建筑群呈现的令人印象深刻的环形设计,营造了过去的横滨所不具备的现代都市景观。

都市设计的挑战

MM21地区不仅有全新建筑物,还充分利用了历史建筑物。石材构筑的船坞和红砖的仓库,构成了单凭现代建筑无法完成的别具风格的景观。除了保留历史性建筑物，还通过将新建筑物的墙面设计成没有门窗的形态，让年代久远的红砖仓库形成通透的景观。重视地区整体的景观结构，而不是单体建筑，营造可以切身感受的氛围。

蓝绿色和赤陶色

MM21地区以及与泊地毗邻、罗列在一起的超高层住宅楼的港湾地区，都带有很新奇的色彩。这里的主题色彩是蓝绿色和赤陶红色，这些色彩是由迈克尔·格雷夫斯（Michael Graves）设计的、港湾地区最早的超高层住宅楼的外装修色，之后就将其作为改扩建的基调色方针确立了下来。格雷夫斯在美国设计了很多大量运用蓝绿色和赤陶色的建筑物。而不习惯蓝绿色系外装修色的日本，这些色彩很难为人所接受，但由于横滨具有较强的景观调整能力，还是实现了保持个性化基调色的城市景观。环境色彩规划的基础是调查、把握好当地历史遗存的色彩并注入新的生命力。但是港口地区通过细微调整从美国引进的色彩，塑造了全新的地区色彩。看来类似这种具有特殊色彩的城市的形成，只有像横滨这样积极致力于景观行政措施才能实现。

MM21地区到处林立着勾勒出蓝天轮廓线的建筑物，其外装修色皆以白色为基调，地区内保存下来的红砖仓库同白色现代建筑的对比强调了岁月留痕。

离MM21地区很近的横滨港湾地区以蓝绿色和赤陶红色为主题色。这个地区建造伊始就融入了艺术，埃托雷·索特萨斯那些色彩鲜明的雕塑更是一目了然。

六本木新城

金属灰和砖灰色

六本木新城的森大厦以其高度和有奇特造型成为东京的新地标，与这座金属灰的塔楼相邻的是形成强烈对比的住宅楼的红色。近距离观察住宅楼会发现砖灰色和深蓝色的调和使用，更凸显了红色。远望塔楼和住宅楼之间的对比多少有点疏离感，但近处建筑物地面使用的浅驼色系石材缓和了这种反差。在区域内信步前行，两种色彩形成了区分办公和住宅的空间对比功能，使得景观更明快而易于接受。

有质感的石材

将对比强烈的金属灰和砖灰色连在一起的，该是塔楼下部楼层、酒店使用的浅驼色石材以及枝繁叶茂的绿树吧。从66广场下行到有水池的毛利庭园的升降梯上，几乎察觉不到高层使用的金属灰。朴素质感的砂岩系石材同丰富的绿色互相协调，缓和了办公区的金属和玻璃的冰冷感觉。

形成高低落差的变化

六本木新城规划形成强烈的高低落差，提供了很多用来仰望、俯视的视点，四处游走会不断看到全新的景观，比如繁华的商业空间，从塔楼上远眺东京的景色，流水和绿色组成的庭园、安逸的高层住宅群等，这种短时间内变幻的场景非常有趣，除此之外，一时间还真找不到能体验这么丰富景观的地方。

六本木新城有计划地推出这些多样化的景观，其中色彩所发挥的作用卓有成效。但是这一街区才刚刚成型，还缺少一种历经沧桑的厚重氛围，相反，也有过分表现的多余景观。在如此大面积的用地上怎样有计划地开创景观，看来是今后需要探讨的课题。

六本木新城森大厦以奇特造型成为东京的地标。毗邻而建的住宅大厦使用了同森大厦塔楼形成色彩反差的砖红色。

环绕森大厦的地面设有供人休憩的空间。控制彩度的木材和彩砖构成的广场用于各种活动。

西新宿

多种造型的尝试

西新宿的高层建筑鳞次栉比，呈现了都市中心的面貌。观察这个地区的建筑物，会觉得色彩有一种散乱感。最近，按再开发规划等实施的色彩控制部分，对新宿副都心做计划时就很不一般，其中汇集了各种色彩表现方式，如，黑色幕墙的新宿三井大厦、黄土色的世纪凯悦、金属色的住友大厦、使用浓淡法的岛式塔楼，还有绿色塔楼等，每个个体都很有趣，但是作为地区的整体景观而言则缺乏统一性。此外，由于形态上各行其是的多种尝试也多少给景观造成不协调的感觉。

亲切的环境

这种建筑物间的关系还没有发展成熟，但长成参天大树的行道树为地区景观增色不少。被新建的岛式塔楼绿色环绕的低地公园，作为工作间隙休憩的场所，令人倍感亲切。在这个广场上安置的几个环境雕塑也给人留下深刻印象。特别是罗伯特·印第安纳的作品“LOVE”，其强烈色彩成为开阔空间的亮点，堪称都市一景。都市景观的形成不仅仅是建筑外观，表面色彩也是很重要的因素。综合性的色彩规划营造出一方供人们汇集的美丽而滋润的空间。

色彩规划的必要性

都市设计时对色彩的规划不可或缺。仅凭高品质的个体建筑不能形成美丽的城市。通过调整建筑物之间的相互关系，可以给城市带来成倍的美化效果。建筑不是孤立存在，而是构成都市景观的重要因素。此外，街道等公共空间和建筑外墙规划之间的色彩协调也很重要。西新宿的大部分建筑的楼前空地都设有开放空间，这里采用的铺装材料和人行道的色彩互不协调现象也很明显。为了改善这种状况，有必要制定地区的色彩指南。

西新宿地区超高层建筑林立。这些超高层建筑所使用的黑色、茶色、绿色等外观色彩多少有不协调感，但路边已长高的树木缓和了色彩反差。

使用非彩色浓淡法着色的岛式塔楼前的广场上摆放着正红色的雕塑。在冰冷的超高层楼群中成为新都市一景。

第二章　高彩度化的日本城镇

高彩度化的日本城镇

杂乱的日本都市景观

要求有序的都市景观的呼声日趋高涨，但现实的日本都市景观有很多依然处于杂乱状态。都市的低俗场所在所难免，但任由杂乱的氛围抹煞整个环境就无法接受了。高度诱人眼球的原色以城市为中心其使用频率越来越高，追求醒目的广告、招牌等采用高彩度的原色已在预料当中，可是都市景观用色原本仅限于稳重的天然材料色彩范围，一味地大量使用原色必将引发新问题。最近又开发出一种用大型胶片印刷广告覆盖建筑物的手法，把商业建筑的外墙当作广告媒体来使用，而且不再满足于单色涂装，采用多种图文表现的店铺越来越多。此外，原本宁静的住宅街上也出现很多使用原色涂装的房子。

无序竞争导致的混乱

研究一项建筑设计时要描绘外观效果图,但效果图中往往看不到相邻建筑物的情况。如此一来建筑设计就只致力于自身的外观设计理念；广告物因追求强有力的诉求效果做得越来越大,也竞相吸引人们的眼球；公共设施在这场竞争中以提高安全性为理由，道路被涂抹成红色，防护栏也极尽鲜明色调以求醒目效果。日本都市这种原色泛滥，纷杂混乱的景观在蔓延。可见在图纸阶段就应该调整好与现场环境的关系，这样才能发挥出色彩应有的景观效果。对于生活在都市的人们来说，需要什么信息、需求量有多大应排出顺序，如果不按照这一顺序合理使用色彩就不可能适宜地获取信息。

在传统建筑地区即使不大的招牌也很醒目。小城镇因为发布的信息相对较少，更容易让人意识到它们的存在。在繁华的城市减少信息是一件很困难的事，例如，巴黎街头常看见一些迷路的游客，对建筑物外墙上路标的用法很不习惯。路标的提示性往往取决于它所依附的建筑物的色彩。选好用作背景的建筑外装修色和适量的信息，可造就游客乐于接受的城市。

日本的街道景观被原色的招牌所淹没。商业大楼的墙面充斥着原色广告。并且建筑外墙面也竞相使用高彩度色，招牌都大量使用这些鲜艳的原色，让人无法区别，失去了宣示各自诉求效果。

身边的喧闹色彩

色彩规划的必要性

以城市为中心，被称为喧闹色的色彩越来越多。都市生活中有很多需要人们瞩目的东西，有些场合也确实需要使用高彩度色，但不顾与周边的关系，孤芳自赏地放任用色也会出问题。都市色彩更应该按生活所需信息的关联度做色彩规划。可是，至今公共空间的建筑物外墙以及道路、桥梁等仍有很多地方依据个人兴趣用色，或者由于错误的色彩设计导致色彩无节制地泛滥。为了治理环境中的这种喧嚣色，就要更加仔细地观察身边的色彩。下面就是我居住的神奈川县川崎市高津区面临的色彩问题，同样的事例在日本随处可见。

高津的喧闹色彩

高津区位于川崎市的中部，隔多摩川与东京都毗邻。与工业集中的沿海相比，随多摩川蜿蜒而下的多摩横山丘陵赐予了这里更多的青山绿水。此外，大山街道两旁至今还保留着曾兴盛于江户时代的几个仓库，当年的繁华依稀可见。记得我上小学时，有很多农户家里种植当地特产的多摩川梨，流经区内的二次用水水渠沿途滋润着梨园。但是，由于从这里往来东京通勤比较便利，房地产业得以迅猛开发，特别是近年来出现了很多高层公寓。人口已接近20万，而且仍在继续增长。新近迁入高津区的居民很多，为了推销住宅而设立的广告牌之类猛然增多，沟口车站前的自行车也随之爆满，或许因为违反当地规约的现象时有发生，公共空间贴出很多提醒人们注意的标语。日本人口较集中的东京近郊也同样，到处都面临着类似的问题。在人口趋于减少的地区，离市区稍远些的主干公路沿线，大型招牌等形成花哨而杂乱的沿途景观。商业区的喧闹无可非议，但是住宅区以及绿色笼罩的农田不断被原色侵食的现状必须扭转。

五彩缤纷的住宅

无视周边环境的公寓外装

高津地区建成了很多公寓，这些大体以暖色系的低彩度色为基调，但也能看到使用周边所没有的色彩的情况。高津的大山街道两旁还保留着古时涂装材料的仓库，很多居民希望继续保留这种历史景观。但最近建设的公寓根本不考虑这种历史性，越来越多地强调增添新意。大型公寓对当地景观有很大的影响力，包括外观在内设计质量如有提高会成为当地很大的资产，但现实中这种高品质的建筑物并不多。

二次用水水渠沿岸的时尚公寓

二次用水的水渠边上建起了很多公寓，时尚的灰色中以正红为突出色的公寓也已经竣工。最初对这种全新的配色还多少有点新鲜感，但这种原色的正红看得多了就找不到感觉了。在欣赏流淌的渠水和护堤樱花树低垂的枝条时，这种强烈的红色便不容分说地跃入眼帘。单纯朝公寓看上一眼其色彩的使用确实颇有魅力，不过，当欣赏一个地区的景观时，这种原色却成了一种妨碍。不让公寓的外装修色过于突出，尽量融入背景景观，这是最基本的要求。作为公寓的开发商，不能只视住宅为商品，还应该把它视为当地的景观资源来规划。同时，购房者也有必要抱着这种观念来选择房屋。

蓝色和赤色的金属屋顶

不仅是公寓，自建住宅也运用了各种各样的色彩。日本传统住宅的屋顶大致都限于低明度、低彩度的色彩范围。但第二次世界大战后普及的镀锌铁皮和水泥瓦屋顶喜欢使用鲜明的红色和蓝色、绿色等色彩。现代住宅上广泛使用的有色石板瓦和金属屋顶材料上，黑色和深褐色等低明度、低彩度色在增多，但在今天的金属屋顶上还留有鲜明的蓝色和绿色。高津区内的住宅和工厂都继续使用这种蓝色的金属屋顶，高津区位于丘陵地带有很多可供俯视的位置，能清楚地看见屋顶颜色，比自然的蓝色更鲜艳夺目的屋顶色彩，让人再也感受不到柔和的自然变化。

二次用水水渠边上以正红为突出色的公寓。每天看着这种比鲜花还艳丽的原色，再也感受不到柔和的自然变化。

高津区地势多起伏，因而能很好地看到住宅的屋顶。红色和蓝色的屋顶能有效吸引人眼球，但很难再看到清爽自然的蓝天，青翠欲滴的树木。

高彩度的建筑外装修色

鲜艳的老人护理中心设施

照片（第50页上）所示是一家老人护理中心，这家护理中心所在的山背后是一座神社。远处就可看到的掩映在绿树丛中的神社被色彩鲜艳的护理中心及其公寓包围了起来。老人护理中心的设施可能出于让老年人更振作的愿望，而尽量使用高彩度的色彩。这一实例明显有别于商品色彩规划常用的色彩印象战略。我接受了几个地方政府的委托出任景观顾问，进行色彩调整，其间也经常遇到老人护理中心的外装修弄成粉红色的问题。建筑设计者和施工方的解释是粉红色是让老年人精神更加振奋的色彩，但如何单纯地将色彩心理运用于建筑的外装修色则是另一个问题。

沟口车站前的商业大楼

照片（第50页下）所示是沟口车站前的商业大楼。沟口站北口重建整理成一片开阔地，将步行者和机动车分离以便都能安全通行。南口处于丘陵地上，走出车站在斜面上顺势而下绿植面积也扩大了。南口一侧今后是站前广场，整备工程现已动工，但在研究整体景观形象之初就建成了使用粉红色、绿色的商业大厦。川崎市有自己的景观条例，也进行过色彩方面的调整，但因为没有明确的色彩基准以至于出现了这种色彩的建筑物。南口一侧原有的斜面绿地是居民倍感亲切的去处。商业大厦本质上是宣示繁华的场所，但高彩度色妨碍了渴望见到周边绿色的人们。

绿色的运动设施

沟口车站周边的建筑物外装修上占用的大面积基调色，几乎都局限于YR（黄红）系和Y（黄）系的色相。但车站附近的运动设施的颜色则是周边很少见的G（绿）系的色相，这一反差非常刺眼。这些运动设施的设置之所以涂成明亮的绿色，可能是为了追求运动的清爽效果吧。这也正是不考虑周边环境而单纯使用“色彩印象战略”的例子。

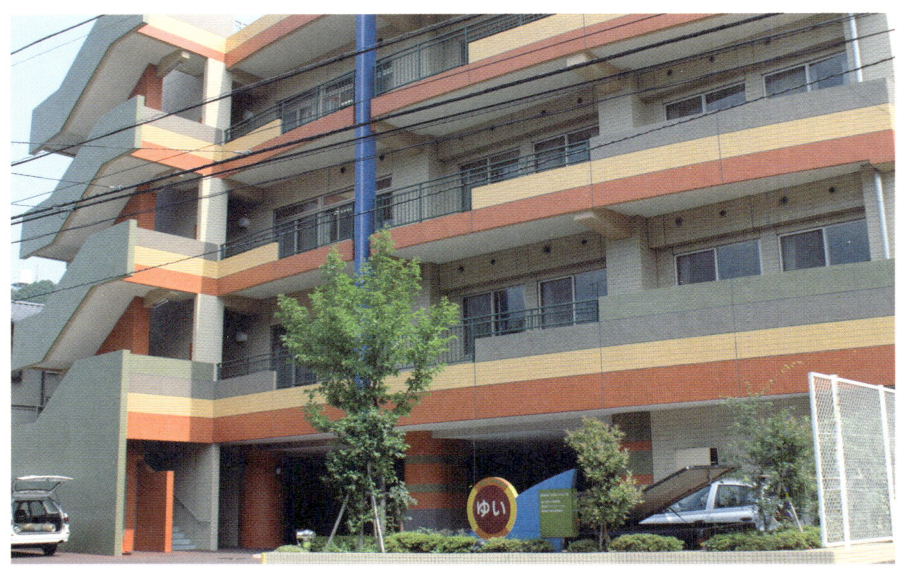

通往神社的参拜道路两旁设有老人护理保健设施，这类设施大多使用鲜艳的色彩。希望这些让老年人精神振奋的色彩还是更多地用于室内装修吧。

沟口车站坐落在斜坡上，能看到很多树木的绿色，但正对面的商业大厦以其艳丽的色彩掩盖了这片绿色。希望处于这类场所的建筑物在设计过程中通过墙面绿化和楼前绿植等弥补这部分绿色。

二次用水水渠的防护栏、蓝绿色编网围栏

蓝绿和红色的防护栏

纵贯高津区东西的二次用水水渠在未修建下水道的1950年代污秽不堪，散发着恶臭。也曾有暗渠化的提议，但人们呼吁当地离不开流水对生活的滋润，暗渠化也就不了了之。当时出于安全考虑而修建的防护栏做成鱼的造型，又涂上鲜明的蓝绿色和红色，而这些颜色是商品的常规用色，为了在样本上看着美观才选中使用的吧。防护栏这些艳丽的色彩，冲淡了人们对沿岸枝条垂坠的樱花、水渠中游弋的鲤鱼的印象。不能照搬厂家为产品美观而选择的颜色，应该从发挥防护栏对环境滋润作用的角度来选用色彩。

蓝绿色编网围栏

蓝绿色编网围栏在日本随处可见。这种色彩虽然给人以清爽、轻快的感觉，但正是因为围栏特立独行的醒目性才埋没了植被的那抹绿色。在过去很少见得到绿地的灰色工业区，这种色彩可能演绎出一份清爽，但防护栏用色的彩度不能高于绿色的植被、树木，以便充分发挥绿色的作用。表现出的问题是把这些设施当作商品外表来套用色彩印象战略，而忽略了对环境的考量。日本的色彩规划过分注重色彩印象，即使在商品的色彩规划中也应兼顾商品和使用场合之间关系，走侧重环境的设计思路。

蓝色铺垫

蓝色铺垫在日本四处可见。这种最高彩度的颜色不论在工地现场、私家库房、多摩川的桥底、赏花时的铺设等到处都可见到。最近似乎也能看到多少受宠的绿色系和黑色系的铺垫，但蓝色铺垫并未减少。蓝色是一种带有清洁感、给人以清爽印象的色彩，但因彩度高而有些刺眼。蓝色铺垫虽便宜又很便利，但还是以多些稍微柔和点的色彩为宜。

二次用水的水渠栅栏使用鲜艳的蓝绿色，在支柱上又加了两道正红的条纹。人行道上铺设的是形成对比的红茶色的花砖。这种强烈的对比使得栅栏格外刺眼，冲淡了对枝条垂坠的樱花树的印象。

左侧有深褐色的防护栏，右侧是蓝绿色编网防护栏、白色的护栏。蓝绿色和白色、深褐色在一起，同自然界的绿色形成对比过于刺眼。

随心所欲的道路铺装

随心所欲的铺设图形

每年都有很多种类的铺装材料开发出来，人行道也变得异彩纷呈。铺装材料生产商将道路平面图委托给行政部门，由他们借助电脑绘制可以轻易地设计出图形，所以日本道路充斥着各种各样的色彩和图形。行政负责人追求那些新鲜好看的绘画，总想在平面图上着色，描绘点什么，这也导致施工时争相采用新奇铺装材料。最近开始铺设盲人用的诱导砖块，但有时也会忽视亮黄色对弱视者的诱导作用，采用弱视者很难辨别清楚的颜色。一般情况下道路作为背景，没必要使用图解标示和带图案的花砖，使用单色铺装会更好。尤其应该选用适当带有色斑、补修后也不会太明显的铺装材料，更需要关注的是行走在上面的人、面向道路的商店橱窗和揭示四季变化的街边树木。选择铺装色彩时如果犹豫不决，就采用当地的土地颜色总不会错的。

机动车道的碎石柏油路

高津区的当地人和行政部门始终在探讨如何在大山街道打造重现历史的城市风景。这条大山街道路面狭窄、交通流量大，在这里悠闲散步几乎成了一种奢望。为了唤起在这种狭窄道路上的驾车人的注意，抑或旨在美化富有历史意义的大山街道，这里的机动车道被铺设成了混有蓝色碎石的柏油路。这种碎石柏油路不仅出现在大山街道，二次用水水渠的沿岸道路和其他道路的交叉点、急转弯都与红色交替组合使用。十字路口和急转弯之所以这样处理可能是为了引起驾车人的注意，我也认为减少交通事故是很重要的事。但总不能因此让路面过于刺眼吧，只为压低一点事故率不值得去牺牲公共空间的美观，选择这类色彩时应综合考虑景观问题，如果仅仅满足狭隘的、局限性功能，结果必然导致环境混乱而让人难以接受。

道路铺装使用了各种各样的材料,可是，如果随着每次重新铺设的新样式，使原本作为背景的完好路面变得太刺眼的话,环境就会变得喧嚣而杂乱。

不知从何时开始,高津区的蓝色和红色碎石柏油路面越来越多，富有历史意义的大山街道也用碎石柏油铺装。蓝色碎石的道路,同路边那些历史遗留下来的柔和木结构仓库不够协调,显得喧嚣。

众多广告、招牌类以及标语

广告、招牌和公共标识

东急田园都市线和JR南武线交会点的沟口车站北口开辟了步行专用区，每天都有很多乘客穿梭往返。面向这个步行专用区的大楼上挂着大型广告，为了尽可能地醒目而大量使用了最高彩度的原色，这种广告招牌太多，以至于小型的公共标识相比之下就不那么突出了，为此还引起这里部分行人的抱怨，出租车搭乘点等公共标识改用大幅张贴的立柱式标识物，变得更突出其含义也更明确了。可是其他小的公共标识也因此变得不易察觉，就景观而言也多少有所倒退了。

广告招牌能烘托城市氛围。例如逛逛东京的神乐坂小巷，那里的白底黑字广告就营造了日本的怀旧氛围。也有越来越多的地区在制定当地的规则，控制广告招牌的设计理念。仅仅围绕醒目的突出性展开竞争，充满混用原色的广告招牌对景观也造成影响。作为都市景观应考虑建筑物的外观清晰可见，街边树木要栽植得令人印象深刻，此外还要制定包括众人使用的公共标识以及相关的广告招牌等标识物的综合性地区规则。贯彻景观法的实施就有可能制定这种地区规则。

标语、警示语

随着近年来迁入高津区的居民越来越多，至今一直执行得很好的地方规定开始有人不予认可，因此，标语和警示语也随之增多了。为了创建安全上让人放心的街区，才设置警示语和标识，可是如果反复补充、提醒数量会多得惊人，同时，由于投入资金有限，设计、做工都很拙劣。在欧美国家常遇到一些设计精美，制作小巧的标识物，可能是出于自觉的责任感，那里的城镇很少看到标语和警示语。希望高津区的标语和警示语数量能有所减少，如果实在难以取消，也应该在配色和布局上下功夫，不能只追求醒目，希望稍微与城市景观协调起来才更漂亮。

商业区到处都充满了广告招牌。沟口车站前的广告因竞相使用原色也愈发显得喧嚣，这样反而使得所有广告牌都不显眼。希望广告主的竞争能更多地体现在塑造城市的美丽上。

日本城市中充满了标语和警示语。可能因为不遵守社会章法的人很多，致使标识物增多，其实问题还在于城市景观已经习惯了这类标语和警示语的泛滥。

影响景观的其他因素

自动售货机

高津区街头摆放着各种各样的自动售货机，夜里也很醒目。在路灯较少的地方锃亮的自动售货机可能会给夜行者增添一份安全感。高津区这种自动售货机的色彩不受任何规则限制，不过，在游客比较集中的地区应更多地从景观层次上选择色彩。在神奈川县藤沢市的江之岛，岛内设置的售货机的颜色都统一为浅驼色，红色、蓝色的原色售货机已被取缔。还有些售货机安置在店内，也有的商店设法避免售货机朝向街面。正是这种细心的处置维护了城市的美观。

电线

日本城市到处分布着电线。虽然都知道把电线埋设在地下，城市景观会更清爽，但经济上的过大投入却难能如愿。最近，在电线之外又面临各种各样的配线，无穷无尽的纵横交错在街道上方，不大美观。将电线埋设在地下，上面种植行道树，街道景观会很漂亮。这个电线问题不解决好，日本都市的美化就无从谈起。

自行车的摆放

在公寓持续增多的高津区，车站周边摆放的自行车也是大问题。它们同电线一样，不仅仅是色彩问题，乱放自行车还明显影响了车站周边的景观。为了保护环境提倡自行车这种节能方式当然很重要，但也存在诸如停车场配备不足或者停车场离车站较远、收费负担等理由，致使人们不用自行车的情况。

垃圾箱

为了更方便收集垃圾，很多地方都把垃圾箱就近设置在路边，有绿色的塑料桶，有些还覆盖有防范乌鸦的绿色网罩。垃圾箱不仅要方便使用，更要考虑对景观的影响。在拥有清洁垃圾箱的地段，地方政府切实有效地执行了垃圾管理制度。景观的好坏与民间团体的素质密切相关。

路边的自动售货机设置得五彩缤纷，如果用稍稳重些的颜色将它们统一起来景观会明显改观。今天的生产厂家应该配合当地景观制造自动售货机。

为了方便垃圾回收作业，往往把垃圾堆放场所设在路边，但仔细观察就会发现很多问题。很多公寓的垃圾箱被围墙围挡起来，设在不易看到的地方。独户住宅地也要稍做些努力设法把垃圾隐藏起来。

不是化妆，却如皮肤一样的用色

目前高津区的人口仍在持续增长，城市面貌也发生了很大变化。在这些变化当中，以景观的色彩问题尤为明显，对这一问题的解决，不再像以往那样习惯于单纯依赖行政力量。景观问题很大程度上也取决于个人觉悟，要实现美丽的地域景观，需要改变个人意识。景观不是为建筑物和土木构造物化妆，而是更深入地对当地生活方式的表现；环境色彩规划不是化妆手段，而是将内涵用美化的皮肤表现出来。在城建过程中如果多数居民不关心这种比作皮肤的色彩，城市就很难美化。迄今为止，景观设计基本上都是为了直接将对象物更好地展现出来而多加装饰，设计也只是执著于实物制造，缺少对所处环境、场合的认识，也未着眼于当地的生活方式。以高津区为例，设计只是追求方便和外观美，殊不知即使这些都做得不错，也很难让汇合成一个整体的当地景观受益。重视景观的设计不是给实物增添新鲜度，而是着眼于当地的历史积淀，兼顾与它们之间的相互关系。

近年来，日本各地都在蓬勃开展当地的城市建设，也有很多地方政府在探讨制定城市建设条例。高津区市民参与城市建设已形成一股潮流。参与这类城市建设活动，可以从多方面汇集当地的问题，据此形成的就不再是做表面化妆的景观，而是表现当地实际生活的皮肤色彩了吧。为了解决各种问题，我也参加了当地的很多类似活动。说得可能有点远，但是，正因为市民和行政部门的共同参与，把具体的城建活动持续下去，当地的景观才会逐渐改观吧。

举出高津区的这些环境色彩问题，并不是说市民放任这种状况。以城市建设协调会为首的几个团体正携手致力于环境色彩的改善。下面介绍几个市民与行政部门组成伙伴关系，共同开展与环境色彩有关的活动。

高津区的市民活动

高津区城市建设协调会

在川崎市各区以建造“市民健康森林”为目标的研讨会基础上，于1999年成立了高津区城市建设协调会（城协）。城协详细探讨了分散在高津区的“健康森林”候补地，决定将高津区绿色主体框架的丘陵地带中的7.2公顷土地建设成“高津区市民健康森林”。现在由“市民健康培育会”负责这片土地的割草和砍伐坡地上的竹子等工作。当地的孩子们也参与这些活动，负责做竹炭和种花。

为重现城市的美好环境，保全现有的水和植被就成了最重要课题，城协组织还成立了各种部会，负责收集景观方面的问题。

高津花街

同沟口车站南口相连的野川柿生线已扩建,也修建了人行道,后来被称作“高津花街”的这条路的成功与城协不无关系，他们与行政部门协作,共同探讨铺装材料和照明灯等修路器材的色彩,选择路边树木的种类。人行道的铺装色彩准备了几个方案，选中了能使花坛花色更显美观的大地色，相关修路器材的颜色选定了与其同色相的深棕色。后来这种铺装色一直被当作高津区的标准。每项整备施工都有居民对试行中的问题提出修正，这对于色彩的选择是至关重要的一环。目前，高津花街以沿路地区的居民为中心持续管理的花坛，让鲜花常开不败，五彩缤纷。

水边的风景部会

农业兴盛时代，高津区水渠纵横分布，如今其中大部分已暗渠化，但仍留有贯穿城市东西的二次用水水渠，岸上种植有枝条垂坠的樱花树。2005年为使这个空间更加舒适，成立了“水边风景部会”，负责水渠清洁等。这个组织在改装为保障安全而设置的防护栏时，向居民征集意见，将已涂好的鲜艳蓝绿色和红色改为深绿色，这种深绿色深得人们赞许，它把淡淡的樱花衬托得更加美丽。

大山街道活力促进协会

在高津区保留着因江户时代人们前往大山参拜而繁华起来的大山街道。此前，有关整顿这个历史性街道沿途街景的话题几度兴起，可是不但没有什么大的进展，历史性建筑反而一再损毁，被公寓所取代。为探讨如何利用当前状态下大山街道的历史性景观资源，2003年成立了“大山街道活力促进会”，致力于城市景观的再生，但再生不是原封不动地保存古城景观，协会确立了将原有古建和全新建筑物融合的方针，而新建的建筑物采用外墙涡流式，并制定了确保步行者空间等包括色彩在内的景观建设基准，接受景观建设地区的划定，力求城市景观的再生。

高津百项

高津区有很多古时遗留的景观资源淹没在漫漫历史长河中。即使建造华丽的美术馆和音乐厅等，也难免内容匮乏而毫无魅力。在高津区首先要了解当地有什么，从着手培育它们做起，具体分为风景、生活方式、活动、历史等四个方面，把城市建设资源汇集起来，精选出其中的100项，将项目命名为“高津百项”。项目中没有生造行政上不存在的东西，而是重视历史遗留的当地资源，培育这些资源，在此基础上形成真正的个性化的城市，这种想法会逐渐渗透到以后的城建工作中。

SAI22 (Salon Artistique et Intelligent 22)

在高津区都市规划的基本方案探讨中，有人指出，高津的未来不能只听老人发表意见，于是，由30岁以下的年轻人组成的城建小组“SAI22”应运而生。

这个小组用“健康森林”中成片的竹子制成乐器，供当地音乐大学的学生演奏，绘制绿色地图用来展示高津农业，邀集书法家联手向孩子们传授书法的乐趣等，开展丰富多彩的活动。建筑物和广告色彩的使用不能只靠行政部门来制定基准、编制规划，环境色彩在这种多变的城市建设活动中需要得到民众的理解。

“高津区市民健康森林培育会”治理水渠，养育萤火虫。每年孩子们翘首企盼萤火虫飞舞的季节。“市民健康森林”成了都市化环境中孩子们亲近自然的宝地。

SAI22根据年轻人的奇思妙想推动城建工作。利用从斜坡上砍伐的竹子制成的竹乐器，和当地音乐大学的学生一起，在车站广场上举行演奏会。这种活动越来越多。

城市建设协会汇集高津区的城市建设资源编撰成《高津百项》一书，灵活利用这些资源推动城市建设。

第三章　大自然是色彩师

大自然是色彩师

正如从高津区这些实例中所看到的那样，城市中掺杂着各种各样的色彩。广告招牌等为了更醒目而使用各种原色，商业街为了演绎最新流行也争相使用华丽的色彩，就连公共标志也毫不示弱地使用高彩度色。各种色彩的使用都有自己的道理，但它们相互间缺乏协调，无休止地随意表现自己。此外，一个城市里都各行其是，自作主张地混杂在一起，结果是谁的主张都无法引人注目，难以达到预期目的。那种一味追求表象图解，所有事物都用高彩度色的城市景观，最终都沦为一片雌雄难辨的混沌之地。

与都市这种杂乱的色彩形成对比的是，自然界展现的色彩无论怎么看都很美，它们随季节流转而相应变换颜色。如果有意识地去收集一些平时不曾留意的大地色彩，就会为她的多彩多姿而不胜惊讶。自然界的色彩比较内敛而且整体协调，经常令人陶醉，自然界的和谐既保存了整体的统一感，又展现出丰富的多样性。诱人的风光与朴实无华的大地之间的巧妙平衡，让各和色彩给人留下了完美印象。

自然界给我们强烈感官刺激的是花和蝴蝶等那些鲜艳的高彩度色，它们比处于中彩度范围的绿树、时刻变化的蓝天的色彩更加鲜明。让我们感觉到中彩度的绿色和天空颜色发生变化的是形成自然界基调色的土地、岩石和砂砾等低彩度色。占据着更大面积的低彩度色、时刻变化的中彩度色以及只在小面积中出现的高彩度色，这些不同彩度的色彩间的绝妙平衡形成了各种各样的风光。没有同花一样红的土地，树叶会变红，像花一样的鲜艳，但那也只是很短时间的事，不可能全年都保持鲜艳的色彩。低彩度色彩没有变动，而高彩度色则处于变化中。自然界的色彩各有其运行规律，只要深刻认识这种自然色彩的表现，像自然界那样杰出的使用色彩，我们的城市就会更富于变化，更富有魅力。大自然是优秀的色彩师。

接下来再举几个自然界巧妙的色彩设计手法。

活着的色彩

我们身边自然界中的一切事物都有颜色。春天，呈现层次微妙、不可言喻的新绿山川，随着时间一刻不停地变化的天空蓝色，随着四季交替呈现美丽姿态的各种花草的颜色等，自然界洋溢着色彩。这样的自然界中更吸引我们注意、高度诱人眼球的色彩是鲜花和蝴蝶等生物所拥有的颜色。花与蝶的美丽色彩随着它们的死亡而失去彩度，不久又被低彩度的大地所吸收。

据信大约1.5亿年前出现的最早的显花植物开绿色的花。那个时代的植物，花粉由风和水搬运传播，依赖的是这种不经济的方法。而现在，如我们所看到的那样花粉是靠昆虫传播，花粉传播方式最简单的植物都能长久地存活下来，它们吸引动物的色彩就是由最早的突然变异形成的。和叶子的绿色形成鲜明对比的花的颜色，更易于被有色觉感官的动物感知，对动物来说花的颜色有效发挥了引诱作用。给城市景观带来喧嚣景象的鲜艳的广告、标志等色彩，像花朵一样用鲜艳的原色争奇斗艳。这种使用色彩的方法可能是受花朵用色彩吸引动物来传送花粉的启发。

自然界的色彩是活着的。植物盛开出色彩鲜艳的花朵，季节一过色彩也就消亡了；树木的绿色随四季更替呈现不同的美丽，但这种颜色随时都会变化，最后风吹叶落被大地吸收；在天空中飞舞的小鸟和蝴蝶随着死亡慢慢失去色彩，被大地的色彩同化。自然界大多数的美丽色彩都随着死亡而褪色。虽然也有鲜艳色彩永不凋零的美丽石头，但只是极少数，比如宝石最受珍重。除了这类极个别例子，美丽的色彩总是为活着的东西所有，也是生命的佐证。人们将神社和寺院彩色化，难道不是为了减缓对死后失去色彩的世界的恐惧吗？我们人类有很高的耐季节性，能得到不易褪色的涂料，但这也正是导致都市色彩环境混乱的原因。自然界的色彩是活着而且变化着的，这具有很重要的意义。虽然以提高耐季节性为目标的人工色彩材料的开发日渐成熟，但一靠近自然界持久美丽的色彩之后，就要准备积极地接受褪色这一事实了。

自然色彩是活着的。能够忍耐冬季严寒的植物一到春天就发芽，开出美丽的花。这些美丽的花朵不久就会凋落，融入大地的颜色。

色彩在运动

色彩在运动，并存在于变化的事物中。美丽的小鸟和蝴蝶很少静止在我们眼前，很快飞往别处。色彩鲜艳的花朵虽然不动，但其色彩时刻都在变化，不能永远保持这份美丽。通红的夕阳和蓝色大海的颜色也在短时间内变化。自然界的色彩存在于运动的事物中，鲜艳的色彩不能永久停留在我们眼前，而且也没有牢固的物质感，经常变化，终归要慢慢衰退。人类寻求永不褪色的牢固色彩，不断开发新技术，可是自然界的色彩作为揭示其生命阶段的标志则需要持续变化。

欣赏自然界中的鲜艳色彩是瞬间的事。此外人类在处理色彩时，对动态事物也使用比较鲜艳的色彩。静止建筑物大面积的外墙上一般不使用高彩度色，在市区穿行的自行车则经常使用红色和黄色等高彩度色。室内的大面积墙面一般使用不太明亮的墙纸，但帘子和门等需要强调活动的物体也会使用高彩度色。而本身不动，供人类在其中活动的空间，例如小学校舍的走廊和楼梯间也使用鲜艳色彩作为楼梯标志，作为学习场所的教室是长时间逗留的空间，所以就要使用恬静的低彩度色。更广阔的都市环境可以看到人们往来穿梭，城区色彩很多，郊外住宅区一般都是柔和的外装修色房子居多。由此可见，在人工世界里鲜艳醒目的色彩多出现在活动事物中。

如上所述，在活动事物中使用鲜艳色彩，在静止事物中使用稳重色彩的习惯，在都市化的环境中也大致保留了下来，商业区和干线道路沿途，静止的大面积外墙面上采用了因褪色及着色不耐久曾一度放弃的鲜艳原色，由于所占范围较广，即使乘快速移动的汽车也不会很快地从我们视野中消失。将高彩度色用于小面积的运动物体是很有效果的，而用在巨大墙面上的高彩度色则违反了自然规律，给当地景观造成不良影响。应该学习自然界的色彩运用法则，尽快完善环境色彩规约。

色彩存在于动态物体中。拥有漂亮色彩的小鸟和蝴蝶不能在我们眼前长时间停留；植物虽然静止不动，但也只能在短时间内才能欣赏到花朵的绚丽色彩和秋天的红叶。

让自然界更美观的大地色彩

构成自然界的基调色

因为自然界中的鲜艳色彩极富于生机且处于运动中，瞬间完成彼此的适配。这就使得大自然色彩的美丽更令人印象深刻。尤其不能忘记作为背景色衬托出这种鲜艳的大地色彩的存在。植物叶子的彩度一般比花朵的彩度低，所以把花朵衬托得更鲜艳。土地、沙砾及岩石等低彩度色群让那些随四季交替变化的树叶绿色看起来印象更深刻。在气候恶劣寸草不生的地方可以看到广阔的大地，那就是大自然的基调色，基调色和具备生机的高彩度土地构成了丰富多彩的图案，令我们的世界充满魅力。

土壤作为大自然的基调色，往往给人以纯朴厚重的印象，但实际上将其收集起来观察就会发现土壤的色域分布十分宽广。我外出旅行时总会采集当地的土或砂带回来，这些砂土对实际的环境色彩设计功不可没。将它们装入试管摆放在工作室的架子上，每当我对建筑或外景的配色缺乏灵感时，就将各种砂土取出来进行组合。在这一过程中产生很多美妙的配色方案。因为这种配色方案都处在自然的基调色范围之内，无论怎样组合都不会有大的差错。当配色一筹莫展时，我也会收集色彩设计对象物周围的土壤、沙石或者树皮等，它们的颜色都是很好的参照。

近来道路铺装材料的颜色越来越丰富了。看产品介绍时其新鲜感深深吸引着我。在为道路平面图着色时，总想用图案取代单一颜色。为了证明图案的合情合理，往往会标注“为了演绎海滩的清爽宜人，采用蓝色波浪的表现方式”等说明，然而没有蓝色沙滩，没有几何学的大地图案，海滩依然个性分明。面对道路色彩难以选择时，我会推荐使用当地土壤的颜色。大自然的基调色会将土地所孕育的绿色衬托得更加动人。

从日本各地收集的土样色彩丰富。人称自然界基调色的土色也是随季节变化的花草树木之美的背景色。

大自然不会设计多余的图案

自然界中有很多引人入胜、不可思议的图案，如奶牛身上黑色云朵般无定型的斑纹；老虎身上黑黄相间的斑纹；蝴蝶和鸟儿身上的花纹等不胜枚举，热带鱼的五彩斑斓更是赏心悦目。表面上看，大自然是乐此不疲、自由随意地设计着各种图案。可是每种图案都是它们赖以生存的工具，每个图案都是历经无数尝试及演变的结果。大自然笔下的每一个图案都是意味深长的，斑马和老虎身上的条纹是其遁形于自然环境的迷彩，蝴蝶、孔雀身上圆形的图案则是恐吓来犯之敌的武器。

自20世纪60年代中期开始，以建筑物上使用鲜艳的原色为代表的超级图案（Super graphic）主义开始流行。法国色彩师让・菲利普・朗科洛，将奶牛身上的斑纹变换出天空浮云的视错觉画用在涂料公司华丽的内墙上。在美国，建筑物的外墙上画着道路，让人产生道路延绵不尽的错觉。超级图案与此前无机的现代设计理念形成了一种对抗，并迅速波及全世界。日本的图案设计师、建筑设计师也加入其中，开始在建筑物的内外描绘鲜艳的图案。打破了建筑配色中不同位置分别涂色的惯例，地面、墙壁、顶棚的限制被突破，释放出自由的空间。超级图案实现了很多奇妙、崭新的色彩空间。但是日本建筑对原色的使用，自大阪世博会（1970年）达到高潮之后便逐渐降温，而1973年的石油危机之后，积极使用原色设计色彩空间的尝试就渐渐消失了。有人认为，超级图案的衰退与由其造成的原色滥用和经济环境变化等因素有关，更重要原因是在设计建筑物的色彩图案时，没有像自然界设计图案那种反复尝试的苦心，未充分考虑图案设计的意义，如果一味追求标新立异的表现力，就无法长存于世。在自然界优胜劣汰的选择下，无意义的图案注定被淘汰。

鹿生有一副造物主赐予的皮毛。冬天它们通体灰褐色，到了夏天灰褐的底色上会生出白斑花纹，如此随季节的更迭而变化，巧妙地融入周围环境中，迷惑来犯敌害的眼睛，保护自己。动物的毛色和花纹中隐藏着超脱于严酷自然环境的智慧。

自然界的色彩在美丽中衰老

从历经百年的大树身上，可以感到一种年轻树木所不具备的存在感，多年来的风雪在树皮上深深地刻划出痕迹。在被海水不断侵蚀的岩石身上，每一处沟痕都显得意味深长。自然界的色彩不单单在年轻时，在其衰老后依然展现着魅力。使用自然材料的建筑物是在美丽中衰老的，例如在传统建筑的木制外墙上，可以感受岁月留下的痕迹。此外，历经海风洗礼呈银灰色的海岸民居，古道上被行人脚步磨砺得棱角光滑的条石，带着泥土烧制斑痕的砖房在沧桑岁月之后，越来越受到人们的青睐，因为它呈现出当年竣工时所不具备的风格，而这种随着岁月加深的风格在现代建筑上已经很难看到了。现代建筑的外观在竣工时虽然姿色鼎盛，之后只能衰老失色。

当清扫换来整洁的时候，增添了以前不曾有过的风格，而建筑物上生就的让人喜欢的东西却在减少。沉湎于怀旧情绪不可取，随着时光而褪色这是自然规律，科研工作是不是应该开发一种在美丽进程中衰退，最终融入大地，被其同化的色彩素材呢？旨在阻止地球温室化的屋顶绿化技术越来越为人所关注，那么长满青苔的树皮屋顶、茅草屋顶等这类屋面材料用当代技术真的生产不出来吗？最近，建材中流行使用不会沾染污渍的瓷砖以及自洁漆等，广告上甚至还有像汽车一样可以清洗的住宅。经年累月之后仍不失地域风土特色的建材很少见到，希望多生产不惧老而提升风格的现代建筑。

都市道路的铺装已经一改往日生硬呆板的形象，步行街也应该更滋润地给人以柔顺的印象。实际上即便坚硬的石阶洒上水后仍让人感觉轻松一些，就像漫步在庙宇中的参道上一样，多少会有些缓解疲劳的效果。像这类带有柔和而自然的氛围、把陈旧作为一种风格的铺装材料，用当代技术不会生产不出来吧？联动预制砌块的接缝中保留一些土，给青苔留出一些生长空间，也好让人释然徜徉在上面，为植物的顽强生命力而赞叹。并不是保持永远不变脏的那种清洁，需要的是将污渍变为一种风格的思路。

历经沧桑的古树不可思议地向世人展示着它的存在；布满青苔的石墙让人读出另一种值得玩味的风格，大自然在步入岁暮时也同样具有魅力。

自然色源自地表

春天给大地铺满白色黄色的鲜花，樱花也争相怒放，不久将进入温暖的季节；进入夏天的树叶，绿色增强但明度下降，绿得更浓重了；盛夏一过就到了秋季，树叶转入偏黄的色相，不久便枯萎了；接着被冬天的白雪覆盖。自然界如此丰富地演绎着地表的色彩变化。自然色接近地表反复变化，即使上指苍穹，下潜入海，也很难找到像地表这样丰富的色彩世界。我们知道头上有蓝天美景拥抱着的飞鸟，深海游动着色彩鲜艳的鱼，但是，往往意识不到空中飞过的小鸟的颜色，最多不过看得到头上树枝的花朵、果实。

在城市里是不是更应该意识到自然色彩位于地表呢？巴黎街道的色彩分布在近地表处，橱窗里的显示屏上魅力四射的商品；色彩鲜艳的遮阳篷下香气四溢的咖啡以及漆色考究的门扉等，都在步行者不经意的视野中展现着色彩。建筑物临街一面的广告牌全部附着在石材墙面上，散步时就徜徉在这些色彩的逐次变换中。转过街角，扑面而来的又是另一种全新的色彩让人欣然前行，正是这种迎合人们步幅的用色方式营造出了巴黎情趣。

漫步东京新宿的街头，从门前的台阶往上直到顶层，过剩的色彩覆盖着整个墙面，像这样尽其所有地使用各种原色在自然界是找不到的，由此让人感到留有人工痕迹的动态情致，而问题在于它竟然如此司空见惯。已然置身于视觉疲劳的原色漩涡中，再怎么高彩度的原色也已经熟视无睹了。即便在人工构筑的都市里，也还是希望视线与色彩能碰撞出更多的魅力。在步行者视线高度范围内的建筑物较低部位可以使用色彩，抬头仰望时看到行道树生机勃勃的绿色，更高处的外墙上方是已经熟识的天空颜色，这些地方选色时就不该用强烈对比的颜色。而接近地表的用色就应该让人每迈出一步都有新感觉，以此为都市生活带来乐趣。

大自然的颜色接近地表。人类无法感受高空、深海的颜色，自然色环绕在我们的身边。

自然界重视相互间的关系

颜色本身并没有优劣之分，色彩通过各种关系来决定它的展示方法。自然界就是巧妙地发挥这种关系的作用，打造出了完美的配色。蝴蝶、鸟类所展现的多姿多彩都非常富于魅力，而鲜花在与绿叶之间的关系上也尽显完美的设计。有些利用补色对比使颜色更加鲜艳，有些则利用相近色相施以浓淡法给人稳重的印象，这些巧妙的配色都出自严酷的环境中，经多次模糊不清的试行终获成功。

自然在色与形之间也有巧妙关系。比如，有些蝴蝶的翅膀上呈现圆形花纹，把翅膀舒展开伏在叶子上时，圆圆的图案看上去就像动物的眼睛，威吓来犯之敌。孔雀开屏时炫目的美丽花纹也与蝴蝶的翅膀一样都是用来迷惑敌害的眼睛。

接下来当我们考虑使用自然色时，与周围环境的关系也非常重要。动植物依其与背景的关系决定展现自己颜色的方式。老虎身上黑黄相间的条纹在动物园的混凝土虎舍中非常显眼，可是在它们原本的生活环境中却是作为掩蔽色用来掩盖句猎物移动的身体；斑马的黑白条纹也同样是为了将高大身躯安全地隐藏在生存环境中。

自身颜色与周围环境的相互关系，对于动植物延续生命具有决定性作用。它们的体色分为这样两种类型，或者在环境中作为突出色发挥作用而存在，或者力求与周围颜色一致使其成为掩护色。图案色彩会依背景色的不同而变化，显示给我们的图像是同时对比的效果。灰色色票在白色背景前显暗，在黑色背景前则显亮，不仅明亮程度，合理调整分布图案与底色的色相、明度，甚至还会在同一幅图上看出难以令人置信的另一种色彩。动物为了延续生命才把自己体色与环境的关系作了恰到好处的调整。

自然界中色与色、形与色、环境与色之间的关系就是这样复杂而巧妙地延续下来。下面就以大自然所从事的色彩设计为样本，来认识一下环境色彩规划中色与色、形与色、环境与色之间的关系应该怎样处理。

大自然是非常杰出的调色师，其用色技巧精美绝伦。人类向大自然学习色彩设计，但她尚未和盘托出。

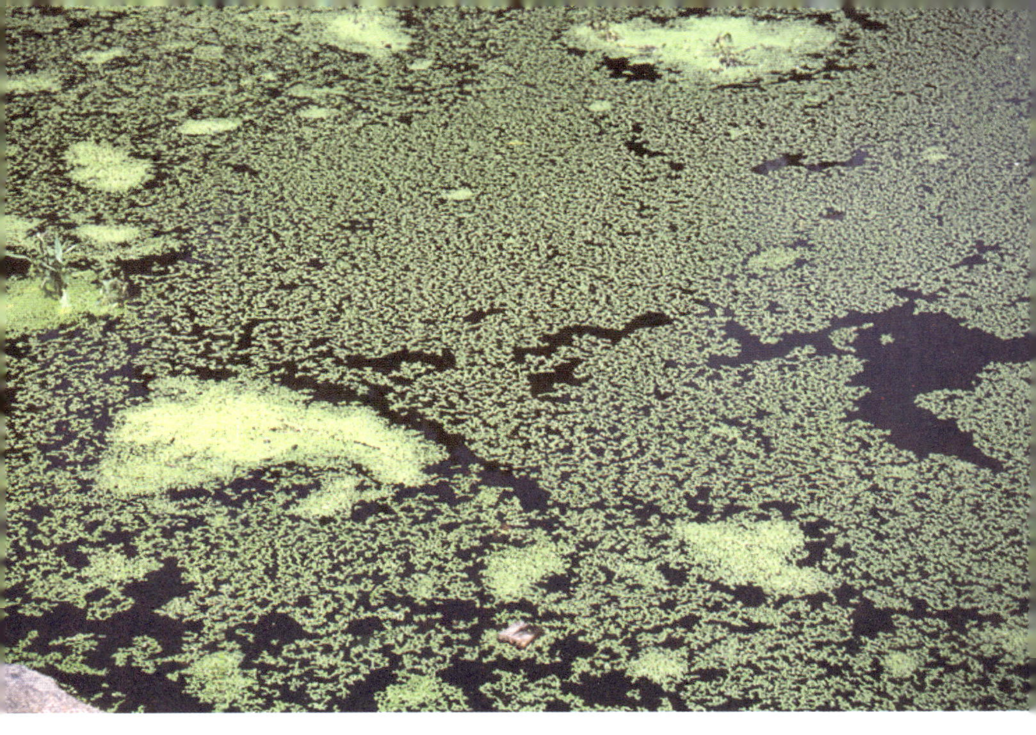

第四章　注重相关性的环境色彩规划

注重相关性的环境色彩规划

研究颜色与颜色之间关系的配色著述有很多，时装领域每年都要发布最新的流行色，追求新奇性的行业争相开展新式样的配色。最近这种趋势已扩展到单户住宅、公寓及写字楼的外墙装修上，为了将建筑物作为商品促销也不乏使用奢华配色的例子。但是，建筑物的外装修用色处于都市景观的基础部分，就自然环境而言应该与大地的颜色相呼应，自然环境中占很大面积的静态土、石以及山岩等都是低彩度范围的颜色。在采用属于当地天然材料的石料、木料施工建设的时代，汇聚着与自然界相同的低彩度色彩，充其量也就是通过材料的区分使用来满足基本的配色。那个时代的建筑群都呈现着与各自地域相近的色彩，把木料、石料的色彩汇聚起来，或许有人对这些千篇一律的暗淡无光感到厌倦，而实际上伴随自然界基调色的这类颜色反而具有意想不到的多彩效果。使用天然材料那个时代的街道色彩由自然来为我们做决定；如今化工颜料发展很快，具有较强耐气候性的色材层出不穷，很多前所未有的色彩都得以采用了。

但是，丰富的色彩开发带来的选色上的自由度又使得街道丧失了统一感。按惯例使用天然材料的色彩范围内也塞进了有别于地域的新的原色建筑物，如今，决定一个新建筑的色彩时，基本不考虑与相邻建筑的关系，甚至人为制造差别，完全以符合个人情致的色彩印象来选色。单户住宅的配色也不考虑墙面与屋顶的协调，很多人都是只针对一个局部各自选色，重新装修时也不听取专家的色彩建议。往往把烘托温和色彩的蓝色错用了带有欢快情绪的黄色，不适合建筑物的色彩知识造成了误导。

要知道在建筑配色上经过长期积累已经形成一种规则。决定一座建筑的色彩时，要从多种色彩的配色关系上、建筑形态与色彩的关系上，乃至与周围建筑物、自然环境之间的色彩关系上作出综合判断，是自然界教给我们这样使用颜色。

颜色与形象

彩色形象的弊病

在商品的色彩策划中，带有颜色的形象力颇受重视。面向成年人的原味巧克力多用黑色或棕褐色包装，糖果的包装多采用柔和的暖色调。这类色彩印象不仅用于包装，同样也适用于建筑物的外装修色彩的策划，比如，在悠闲氛围的外观上使用中间色调，豪华住宅往往推荐厚重的沉稳色彩。可是，这些色彩印象战略会打乱地域的景观格局。

在某县的一次技职人员研讨会上，提出一份按这种色彩印象编制的街区方案，大家分组讨论，相互间没有沟通，从日本涂料工业会的涂料标准色中为各自住宅的外墙和屋顶选择颜色。这时，6个小组每组都分到一个形象关键字，并要求以此做出自己的方案。A组是“沉稳”，B组是“前卫”，C组是“休闲”，D组是“明快”，E组是“海岸”，F组是研讨会所在地的“当地风格”。结果各组提出的住宅外装修色如图第82、83页所示。经过一番涂装之后，这些色彩都给地域景观带来了严重影响，然而，参与这次研讨的各位并未感觉到有什么问题。如果在日本全国提出这一课题都会得出同样结果，为了符合希望表现的形象，大家总是倾向于选择高彩度颜色。推开研讨会会场的窗户一眼望去，周围成片的单户住宅并非大家想象那样采用各种色彩，呈现在眼前的是米色、淡灰褐色、棕褐色这类比较稳重的颜色。色彩印象战略旨在与行业对手有所区别的手法，街区整体未必指定固定方向，色彩印象如何在不同的住宅上表现正是问题所在。

此前的色彩设计都是矢志不渝地追求作品的魅力，却不问相互间的关系。住宅色彩问题不能像商品那样简单处置，首先要关注周边大量采用的是什么色彩，重要的是谋求如何与其协调起来。

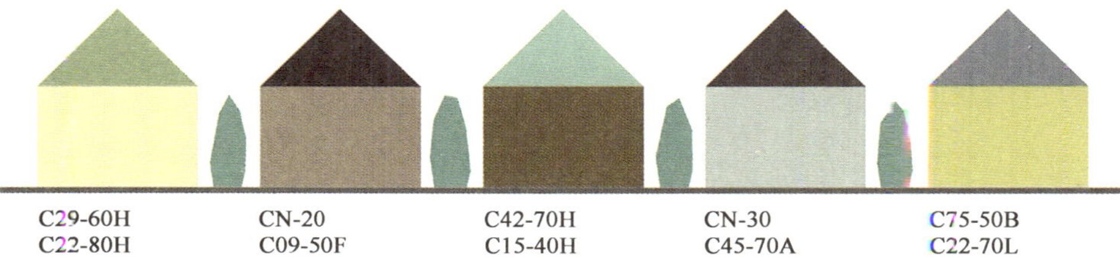

A组关键字是“沉稳”

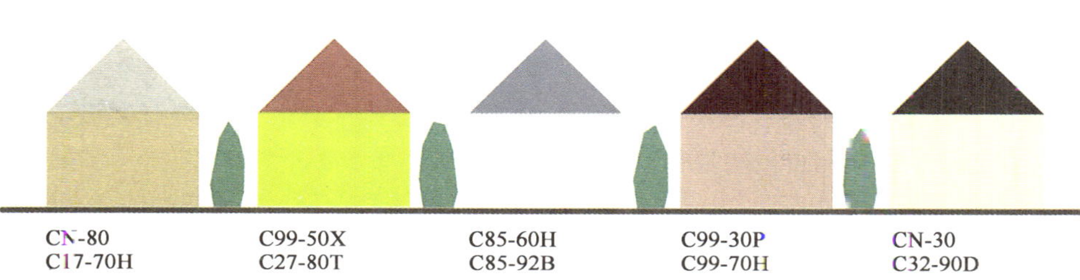

B组关键字是“前卫”

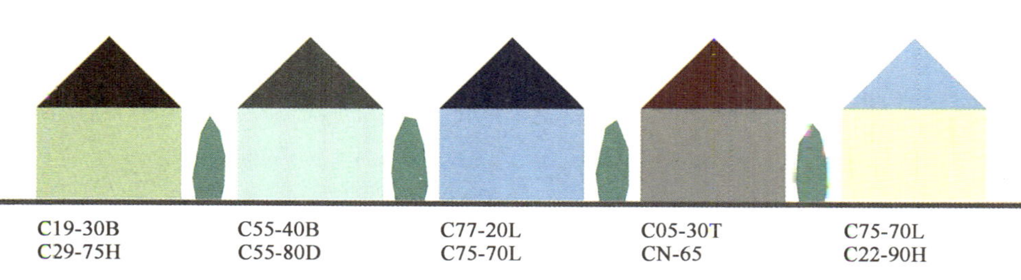

C组关键字是“休闲”

上行：屋顶颜色编号

下行：墙壁颜色编号

（日本涂料工业会的涂料标准色）

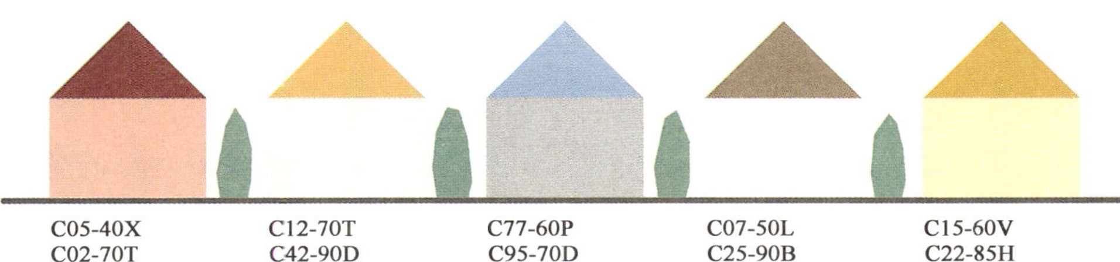

C05-40X C02-70T　C12-70T C42-90D　C77-60P C95-70D　C07-50L C25-90B　C15-60V C22-85H

D组关键字是“明快”

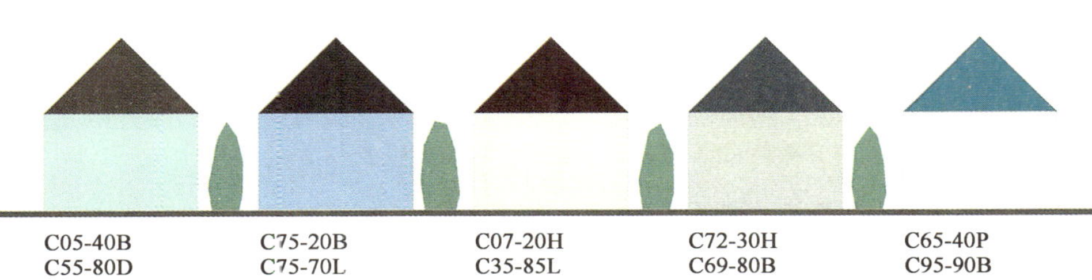

C05-40B C55-80D　C75-20B C75-70L　C07-20H C35-85L　C72-30H C69-80B　C65-40P C95-90B

E组关键字是“海岸”

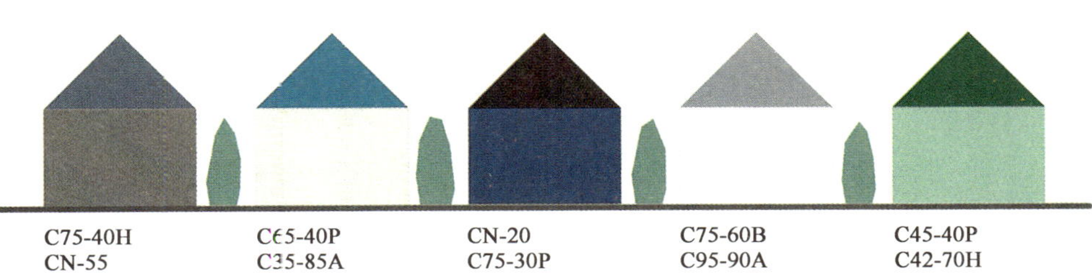

C75-40H CN-55　C65-40P C35-85A　CN-20 C75-30P　C75-60B C95-90A　C45-40P C42-70H

F组关键字是研讨会所在地的“当地风格”

色与色

配色基础

住宅外装修如果任由个人爱好去表现，就不会有街区的美观。在已经确立了包括色彩在内的建筑样式的地区，居民的兴趣无可厚非，但自己建房的意识要建立在考虑周边关系的基础上。新型建材各地流通，在各种色彩自由使用的今天，需要建立一种由各家规制起来的群体的用色规则。

研讨会讲解了色彩印象战略的弊病之后，又对住宅配色问题做了说明。针对日本涂料工业会的涂料标准色样本收录的色票编号，学习了配色规则的重要性。色样样本册中纯色的红色票编号标注为C07-40X，其中C表示发行年份，此外，07部分是イ，40部分是ロ，X部分是ハ，以此规定四大色彩规则。第一规则是住宅墙面颜色，イ界定为17—22，ロ在85以上，ハ从A或B中选择；屋顶颜色イ为17—22，ロ为30以下，ハ为A或B，也可以用N10-N30；玄关门的颜色可以自由选择。第二规则是墙面颜色，イ界定为17—22，ロ可以自由，ハ为A-L；屋顶イ为17—20，ロ为30以下，ハ为A或B，也可以用N10-N30；这一组的玄关门的颜色按イ为19—22，ロ和ハ可以自由。第三规则是墙面颜色イ可以自由，ロ为70-80，ハ为F-H；屋顶颜色N10-N30；玄关门的颜色为イ，可与墙面色取齐，ロ和ハ可以自由。第四规则中墙面颜色イ可以自由，ロ为60-70，ハ为D；屋顶颜色N10-N30；玄关门的颜色与第三规则一样，イ与墙面色取齐，ロ和ハ可自由。按照第一条色彩规则做出选择的住宅群如第87页所示，按第二规则选择的住宅群如第89页所示，按第三、第四规则选择的住宅群如第91页所示。通过色彩形象关键字选择的色彩明显不同，让人感到真正赋予了住宅安稳的统一感。

孟塞尔表色系

孟塞尔表色系由美国画家同时也是美术教师的孟塞尔（Albert H Munsell 1858-1918年）设计，于1905年发表的表示颜色的体系。其后，孟塞尔的这一设想以色票集Atlas of the Munsell Color System的方式得以具体落实，1929年《Munsell Book of Color》首版发行后，经过美国光学会（OSA）测色委员会多方科学论证，于1943年作为"修订的孟塞尔表色系"正式发表，即今天的孟塞尔表色系。JIS标准色票就是采用该修订版作为表示物体颜色的表色系来使用。孟塞尔表色系对颜色的表示方法是通过色相、明度、彩度各自独立的这三种色彩性质（三属性）来表示一种颜色的性状。

孟塞尔表色系是日本最常用的表现物体颜色的表色系，将色彩做量化比较，让人感觉更直观，很容易从孟塞尔符号类推出实际的颜色。

孟塞尔符号用色相、明度/彩度（HV/C）依次标注，比如，红的纯色为：5R4/14,读作"五R四之十四"，而彩度为0的非彩色则标注为：N3.0。

·色相(Hue)

色相用来表示色的状态，基本上包括红（R）、黄（Y）、绿（G）、蓝（B）、紫（P）五种色相，再加上它们的中间色黄红（YR）、黄绿（GY）、蓝绿（BG）、蓝紫（PB）、红紫（RP）共有10种色相。对这10种色相再逐一四等分得到的40种色相按相似色相的顺序在圆周上排列起来即形成色相环。

·明度（Value）

明度用来表示明亮的程度，光线完全被吸收的理想的黑，其明度为0，而完全反射的理想的白其明度为10，可同步地按知觉表示为10个阶梯。

·彩度（Chroma）

彩度表示颜色的鲜艳程度，以非彩色轴为中心呈同心圆排列，距离中心越远越鲜艳的色其彩度值也越高。

日本涂料工业会的涂料用标准色中也附有这些孟塞尔值，色票的编号与其对应，比如，C07-40X这一原色红的孟塞尔值就是7.5R4/14。日本涂料工业会的涂料用标准色最初以C表示发行年份，1954年初版发行之后，到2005年发行第27版的C版时，以后的07即与孟塞尔值的色相相对应。02即2.5R，05即5R，而07就是7.5R。而40X中的40 就是明度为4，X是彩度为14。依A、B、C、D顺序彩度逐渐升高。这样，日本涂料工业会的色票编号就与孟塞尔值明确地对应了起来。但是，如果用自家专用的符号做标记多少可以允许一些误差。

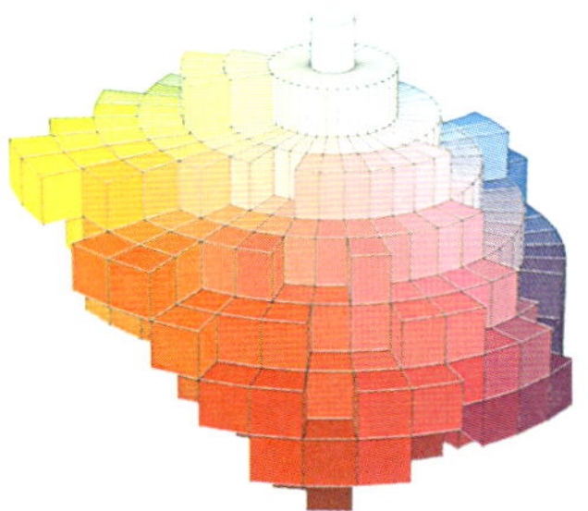

类似色调和型街区

重新确认一下第一色彩规则：

住宅墙面颜色	屋顶颜色	玄关门
イ：界定为17—22	イ：17—22	イ：自由
ロ：在85以上	ロ：30以下	ロ：自由
ハ：A～B	ハ：A～B	ハ：自由
	也可以用N10-N30	

用孟塞尔值置换日本涂料工业会的色票编号所规定的色彩规则：

住宅墙面颜色	屋顶颜色	玄关门
色相：7.5YR-2.5Y	色相：7.5YR-2.5Y	色相：自由
明度：8.5以上	明度：3以下	明度：自由
彩度：0.5-1	彩度：0.5-1	彩度：自由
	或N1-N3	

把按此色彩规则自行选择的住宅外装修色排列起来，如图第87页所示。外墙采用亮而暖的米色，屋顶为深茶色、黑色或接近黑的暗灰色。有人会觉得统一有余，个性不足，为此，对玄关门的用色不做要求，可以自由选择。这一色彩规则中，色相被限定在了7.5YR-2.5Y这一较窄的范围，明度在8.5以上，彩度在1以下，所以，不管选择哪一种色彩都大体相似。像这样在限定范围内选择外墙颜色就构成了相似色彩排列起来的类似色调和型的街区。

第一规则

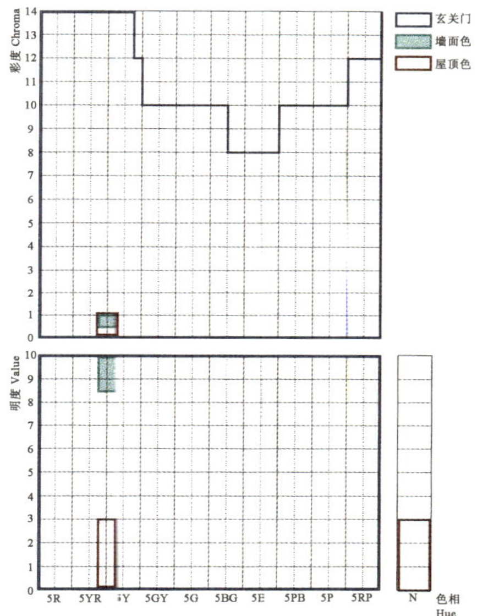

置换成孟塞尔值的色彩规则范围以孟塞尔图表表示出来。

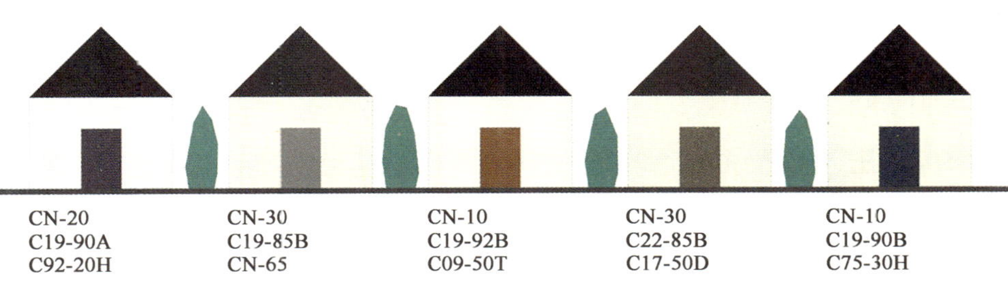

上：屋顶颜色编号

中：墙面颜色编号

下：门颜色编号

按第一色彩规则选择的住宅外装修色。五所住宅构成了类似色调和型的街区。图下方的符号为日本涂料工业会的涂料用标准色样本的色票编号，自上而下依次表示屋顶、外墙和门的颜色。

色相调和型街区

第二色彩规则如下：

墙面颜色	屋顶颜色	玄关门
イ：19—22	イ：17—22	イ：19-22
ロ：自由	ロ：30以下	ロ：自由
ハ：A-L	ハ：A-B	ハ：自由
	或者N10-N30	

用孟塞尔值置换日本涂料工业会的色票编号所规定的色彩规则：

墙面颜色	屋顶颜色	玄关门
色相：10YR-2.5Y	色相：7.5YR-2.5Y	色相：10YR-2.5Y
明度：自由	明度：3以下	明度：自由
彩度：0.5-6	彩度：0.5-1	彩度：自由
	或N1-N3	

把按此色彩规则各自自行选择的住宅外装修颜色排列起来，如图第89页所示。外墙的色相在10YR到2.5Y这一较窄色相幅度之内，选择了带有暖色调的色彩。由于明度不做限制，虽然存在明暗差，但是彩度都设置在6以下，所以并未出现花哨的色彩。屋顶与第一规则一样，为深茶色、黑色或接近黑的暗灰色。而作为重点的玄关门的颜色其彩度、明度都可以自由选择，但色相要与墙面色相应，以求调和感。实施这一色彩规则，比类似色调和街区有更大的变化，但由于色相比较一致，所以保持了统一感。在明度、彩度上给与了一定的自由度，不过通过对色相幅度的限制仍可营造出色相调和型街区。同时，该色彩规则指定的10YR到2.5Y这一色相，也是日本建筑物外装修中作为基调色用得最多的色相。

第二规则

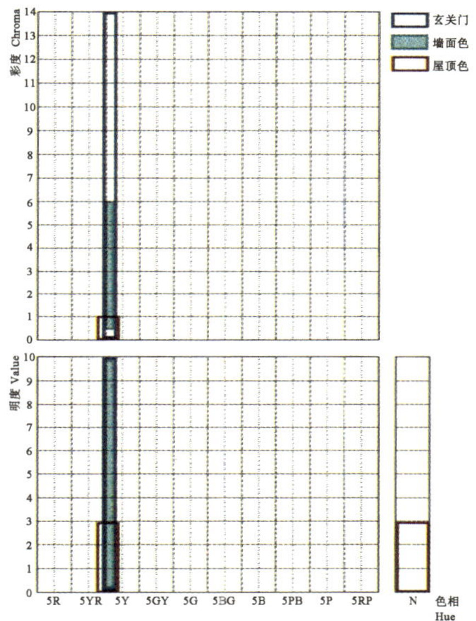

置换成孟塞尔值的色彩规则范围以孟塞尔图表表示出来。

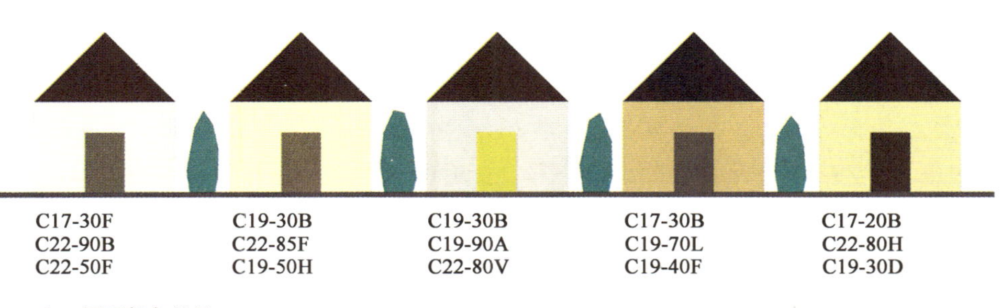

上：屋顶颜色编号

中：墙面颜色编号

下：门颜色编号

按第二色彩规则选择的住宅外装修色。五所住宅构成了色相调和型的街区。

色调调和型街区

第三色彩规则如下：

墙面颜色	屋顶颜色	玄关门
イ：自由	N10-N30	イ：同墙面之イ
ロ：70-80		ロ：自由
ハ：F-H		ハ：自由

用孟塞尔值置换日本涂料工业会的色票编号所规定的色彩规则：

墙面颜色	屋顶颜色	玄关门
色相：自由	N1-N3	色相：同墙面色相
明度：7-8		明度：自由
彩度：3-4		彩度：自由

重新确认一下第四色彩规则

墙面颜色	屋顶颜色	玄关门
イ：自由	N10-N30	イ：同墙面色相
ロ：60-70		ロ：自由
ハ：D		ハ：自由

用孟塞尔值置换日本涂料工业会的色票编号所规定的色彩规则：

墙面颜色	屋顶颜色	玄关门
色相：自由	N1-N3	色相：同墙面色相
明度：6-7		明度：自由
彩度：2		彩度：自由

把按第三、第四规则自由选择的住宅外装修色排列起来，如图第91页所示。外墙采用冷色调颜色可营造富于变化的氛围，加上一定幅度的明度、彩度就会给人以统一感。明度与彩度相同时从色彩这层意义上可称其为色调，但色调一致时即使使用多种色相仍会产生调和感。此时，屋顶的色彩就要限定在黑或暗灰色上，以便于搭配多种色相。而作为重点的玄关门的颜色要与墙面的色相相符，可以从改变色调的氛围去选择，为此，单户住宅的外墙、屋顶及门的颜色就要用非彩色一个色相来配色。通过这样的色彩规则就会营造出色调调和型的街区。

第三规则

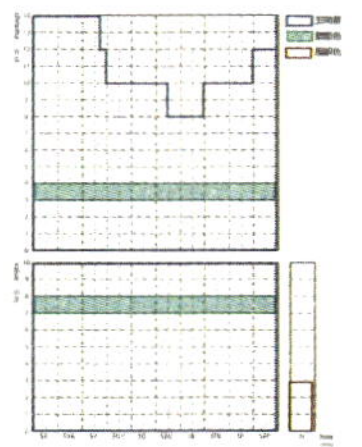

置换成孟塞尔值的色彩规则范围以孟塞尔而图表表示出来。

CN-30	CN-10	CN-15	CN-30	CN-30
C19-85F	C09-80F	C69-80H	C77-70H	C92-80H
C19-70L	C09-30D	C69-20D	C77-30T	C92-30P

按第三色彩规则选择的住宅外装修色。五所住宅构成了色调调和型的街区。

第四规则

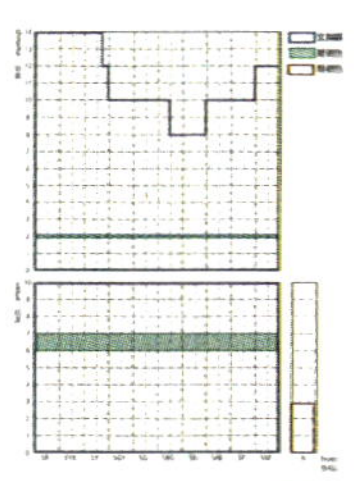

置换成孟塞尔值的色彩规则范围以孟塞尔图表表示出来。

CN-30	CN-20	CN-10	CN-30	CN-30
C95-70D	C27-70D	C72-70D	C22-60D	C85-60D
C95-20D	C27-85H	C72-30H	C22-50B	C85-90A

上：屋顶颜色编号

中：墙面颜色编号

下：门颜色编号

按第四色彩规则选择的住宅外装修色。五所住宅构成了色调调和型的街区。

色与形

色与形的整合性

色与形之间的相互关系形成了多种多样的形象。从1960年代中期开始流行的超级图案与建筑形态的功能部位无关，图案设计完全埋没建筑的方法已实验过。此前的建筑多采用单色装修，即便使用多色配色时，也只是在墙面、阳台及门口墙面这类建筑的功能部位上色彩有所变化，通常不会在墙面上绘画。超级图案则以图示模式为建筑物施以色彩，开辟多种多样的新的色彩空间。但是，当时试行的带有色彩空间情趣的效果在随后的年代里并没有延续下来，究其原因就在于行业内部对图案与建筑形态的关系很淡薄，就算对排斥图案的功能主义建筑有所抵制，超级图案仍然很受到欢迎，不过对图案的表现还有些偏激，没过多久就自行消失了。

建筑的形态与颜色密切相关，舒适的色彩空间就来自其叠加效果。在反思超级图案的基础上，1970年代中期，我国兴起环境色彩规划，开始重视形态与色彩的相关性。色彩通常是在建筑设计的最后阶段决定，也有些设计者将最初该使用的色彩形成印象，在建筑形态上发挥这一色彩的效果，而实际上对色彩的研究往往是在建筑计划定型的时候才着手进行。色彩遵从于形态，环境色彩规划中要对计划用地的周边情况开展色彩调查，找到能与地域协调的色彩取向。同时又要尊重前人积累起来的建筑手法，首先要详读建筑图纸，理解设计意图后再用色彩来加强这一意图，应该是这样一种思路。

务实一些的色彩规划要在立面图上着色，用来研究多种配色方案。对于大型建筑，为了缓和其强势，往往在墙面上用多种颜色配色，但此时特别需要注意的是从哪个位置分割不同颜色。基本上应该从建筑部位出现区别的地方更换颜色，要避免同一平面上绘画式的交错颜色。色彩与其周边的关系整合好之后，才能与建筑形态协调起来，如果不能积极地完成配色，一时的美感用不了多久就会消失。

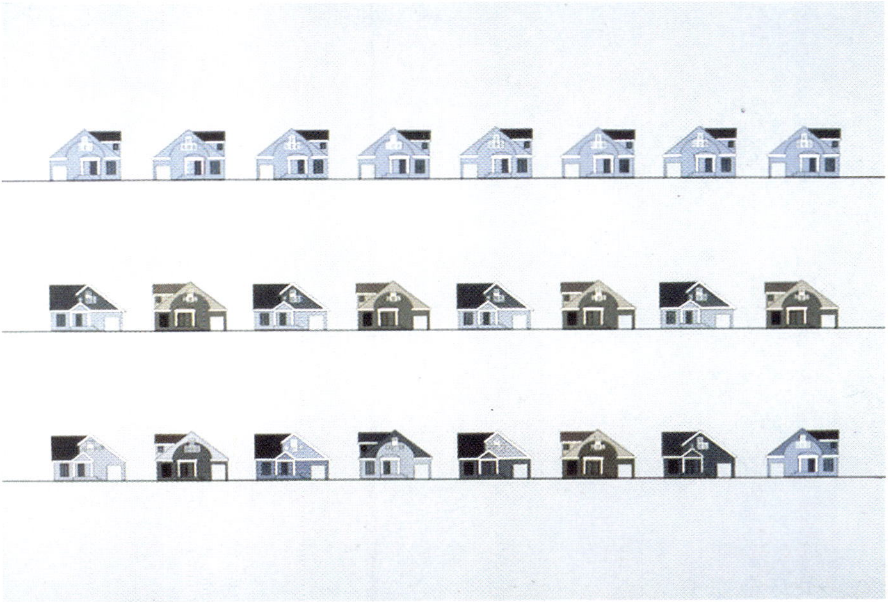

色彩能与建筑形态呼应起来就是上好的配色，能凸显出单色无法表现的丰富景观。

即使同一建筑物，使用不同色彩也能带来丰富的外观变化。使用多种颜色时按照建筑物的部位进行配色这是最基本的一条。

颜色与环境

在自然界里有突出色和隐蔽色两种用色方法，通常有这样一种倾向：彩度越高的颜色越容易形成突出色，相反，彩度越低的颜色越容易形成隐蔽色，而最终作为突出色还是隐蔽色则由背景色与周围环境之间的关系来决定。背靠青山的一片农田中坐落着一所日式的木造农舍，如果把这农舍的色彩带到明亮的现代都市空间中去，反而会给人负重的感觉。相反，如果把海边亮丽的欧式洋房塞入郁郁葱葱的大山里面，与周围低明度绿色所形成的对比会泛起很强的苍白感。明度较高的颜色有明快感，低明度的颜色给人沉重感，即使颜色固有的这些形象效果最终也取决于该色彩与其所处环境的关系。形成图形的色彩通过背景产生的各种变化，就是我们已了解的二维平面上的同时对比效果，其实这种现象在现实生活中并不少见，因此做环境色彩规划时，很重要的一点就是要掌握周围环境带有什么样的色彩。

周边的自然环境所占空间较多，或者在行道树铺展的绿植环境中建房时，就应该充分考虑如何把自然色材填补进去。树木的绿色随季节变化，春天嫩绿萌芽层层尽染，入夏以后开始向绿系色转化，明度、彩度都相继下降，到了秋天又变为黄系色和橙红系色的色相。而且依树的品种不同，既有因彩度上升色彩鲜艳的红叶，也有因彩度降低变黄而飘落的枯叶。这期间的关键就在于不能妨碍这一自然色彩的变化过程。为此，以造成这些丰富变化的树木作住宅背景时，其外装修的基调色的彩度，原则上就要比不断转化的树叶颜色的彩度更低为宜。色彩的彩度越高越引人注意。

此前建筑的设计者或业主们在研究建筑物的外装修用色时，并未认真考虑与周边色彩的关系，直到今天，建筑物的完成预想图上仍看不到周边的建筑物，哪怕只用简单的轮廓线表现一下也能让新建筑显得漂亮一些。而那些急剧增多的首都圈公寓等建筑，为了谋求与周边环境的差别，往往宁可使用周围所没有的特殊色来吸引人们的视线。色彩与周边的关系可以展现好的效果，可有时看上去反而更糟。调整与周围环境的关系，营造地区整体的美观才是至关重要的。

环境色彩的调查方法

色彩调查及其分析方法

为了了解与色彩规划对象相关的建筑物及设施等使用的色彩，需要对现场色彩做观测记录。建筑物外装修的测色方法大体有两种，一是准备好调查所用的色票，接近对象物后用肉眼观测的视感测色法；二是使用色彩色差计的仪器测色法，便携式色彩测色计也已经开发成功，通过测色值可瞬间显示出多种表色系。视感测色法给人感觉精度上稍差一些，但是，肉眼也具备分辨700万到800万色数的能力，加上经验积累同样可以在很高精度上完成测色。目前视感测色法的问题在于调查中使用的色票色数有限，建筑物等外装修的色彩多分布于低彩度范围内，为了更准确地对其测色，就要有足够色数的色票，仅靠目前市售的色票很难达到这一要求，因此用于调查的色票往往自行制作。

色彩调查过程中，测色的同时还要拍下对象物的照片，使用的建筑材料等也要做好记录。由于负片可以更好地再现颜色，所以，照片和负片都要保存好。最近流行的数码相机具有各种功能，利用电脑就可以直接读取所拍照片，插入文字报告中也很方便。现场拍下的照片事后还可以作为测色方法使用，不过有一点需要明确的是，照片颜色的再现精度与现场实物存在一定的误差，按调查内容的不同可区别采用相应的方法，但环境色彩的调查原则上以直接测色为宜。

调查数据的分析

为了了解现场调查中获取的色彩测色值的分布及倾向等信息，设计了孟塞尔图表，图表按色相、明度、彩度三相坐标表示的色立体，在这里用一个平面表现就已经足够了。孟塞尔图表的二维表现有多种思路，常用的是<色相－明度>和<色相－彩度>这两种图形组合起来使用。这种方式是将一种颜色设置在两个图形中，通过两个位置来表现。例如，5YR3.5/2.0这一孟塞尔值在右图中就表现为两个点。

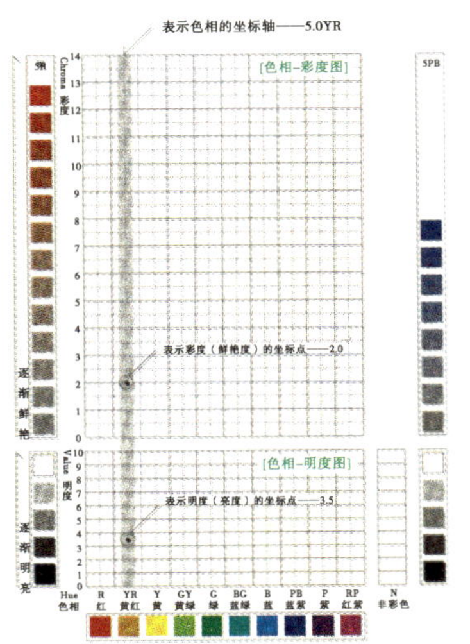

将孟塞尔色票靠近对象物测定色彩的视感测色法。

为了提高视感测色的精度，需要色数足够多的调查用色票。图为用丙烯颜料特制的调查用色票。

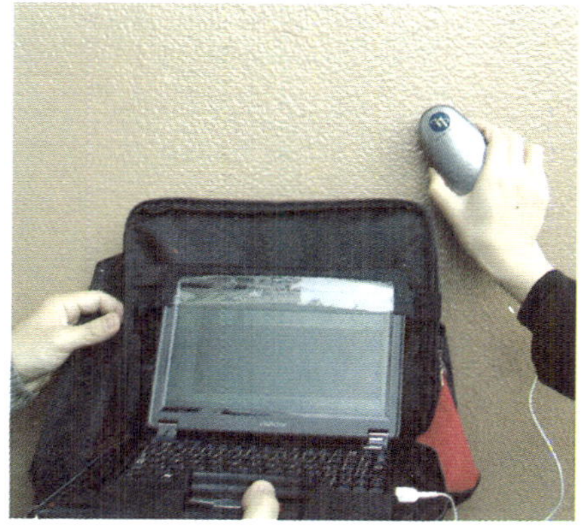

使用色彩色差计的仪器测色法。

传统的街区颜色

出石町的环境色彩调查

前面已讲过，日本的传统住宅外墙多偏重于低彩度的色彩领域。参照对这种色彩分布状况做过实际调查的资料，再做一个稍详细些的说明。人称“但马小京都”的出石町是位于兵库县但马地区的一个小镇。委托我们做的这次环境色彩调查是1984年，当时棋盘状的街区一路都是平坦的路面，路边还保留着苫瓦民房的屋顶上铺展着历史风情的浓重色彩。但是为汽车时代的快节奏所追逐，那种历史风情下的出石小镇街区的情调正在逐渐消失。

我们去现场时带上了很多调查用的色票，对沿街民居的外墙色彩做了视感测色，出石町这地方土墙保留得较多，普遍用红色，给人印象比较鲜艳。这些红土墙的房子多属平民，而处在镇中心的过去武士宅邸、寺院则采用灰泥白墙。虽然沿街也可以看到灰泥涂墙的民居，但不是白色而稍显黄，我们称这种颜色为“鸟蛋色”，如果穿插于红土墙之间，整体上看着比用白色更沉稳一些，而且又能保持街区的连续性。对出石町的外墙颜色做了测色，用孟塞尔图表整理出来用于把握其特征的分布状况。红土墙的色相为YR（黄红）系，明度以5.5为主，作为日本的涂墙用色其彩度是比较高的，甚至高达5以上的色感较强的范围。红土墙之外那些被称作鸟蛋色的亮黄色墙的色相为Y（黄）系色，明度分布在7–9之间，彩度在4左右。武士宅邸等使用的灰泥白墙其明度为9，色相属Y（黄）系色及YG（黄绿）系色、P（紫）系色等，稍带有一点色成分，但彩度都在1以下，基本上用非彩色。

出石町的这次调查之后，按照修订过的色彩基准进行改建，一度遭破坏的历史积淀氛围正在恢复。营造景观区不再以保存传统地区那些历史建筑为目标，而是探索一种与当代生活相融合的市镇存在方式，不仅要保存古老而有价值的东西，建造迎合时代元素的新建筑时，也应该继承街区的个性，保持统一感。

兵库县划定的景观区出石町多保留着红土墙的建筑物。

为去出石町调查而特制的调查用色票，用于做视感测色并记录建筑物的色彩。

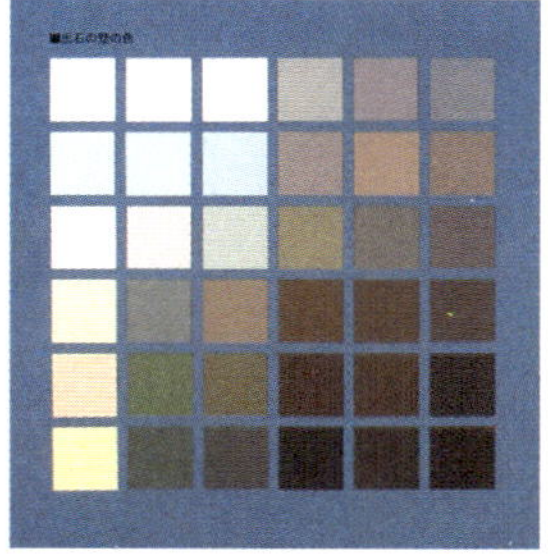

出石町外墙基调色的颜色模板，白墙和鸟蛋色、红土墙摆放在一起。

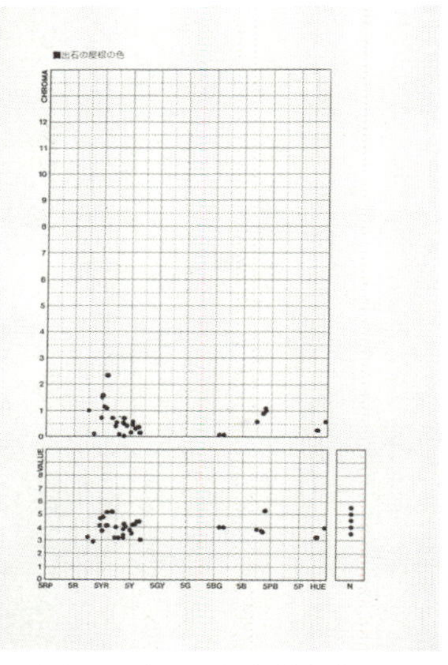

显示出石町墙面基调色分布状况的孟塞尔图表，出石町的建筑物的色彩特征在上面标注的数据中一目了然。

日本城市的色彩倾向

兵库县大型建筑物的色彩分布

环境色彩调查的基本方法由法国色彩师让·菲利普·朗科洛首创，他带着建筑色票走遍全法国的传统城市，与外墙对照归纳出了被称作色彩模板的一览表。当初，我也通过这一方法整理出了日本的建筑外装修色测色色票集，但后来又利用测色仪对这些色票重新测色，并以数据化方式保存了起来。日本十分传统的街区所使用的涂料，不是很早以前就普及的像法国那样的色彩，一般采用木材、土、灰泥以及烧制的瓦做外装修材料，彩度主要分布在低暖色系，色彩范围较窄。第100页所示的图是2004年去奈良县做环境色彩调查的资料，奈良县保留着很多历史古城，这些图片展示了那里的色彩倾向，大致集中分布在5YR到5Y附近，彩度控制在3以下，类似这样的传统街区色彩倾向现代都市也继承了下来。

再简单看一下日本都市建筑物的惯用色彩范围。首先是1984年对兵库县321处大型建筑外墙基调色的调查资料，测色数据以孟塞尔图表形式表示用色倾向，在颜色三属性当中，因为彩度对景观影响最大，所以测色数据要按不同彩度整理。看兵库县的测色数据图表就会发现明亮的非彩色或与其靠近的低彩度色较集中。其中非彩色部分包括彩度1的建筑有226处，占整体的70.4%，如果算上彩度2的部分，则增至264处，占82.2%，带有鲜艳色彩、彩度在10以上的建筑物有7处，只占整体的2.1%。明显的高彩度色都作为广告色使用，在建筑的基调色中很少见。由此可见，兵库县的大型建筑外墙基调色明显集中于低彩度范围，色相也都靠近暖色系。冷色系色彩只是出现在极低彩度的场合，中彩度的色彩只存在于R（红）系、YR（黄红）系等暖色系色相中。

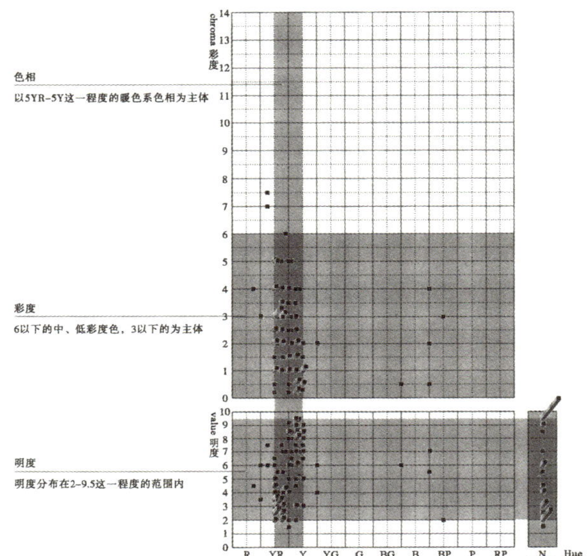

奈良县传统城镇的色彩调查资料，从孟塞尔图表显示的数据可以看出集中在5YR-5Y这一色相上，彩度在5以下的色彩。

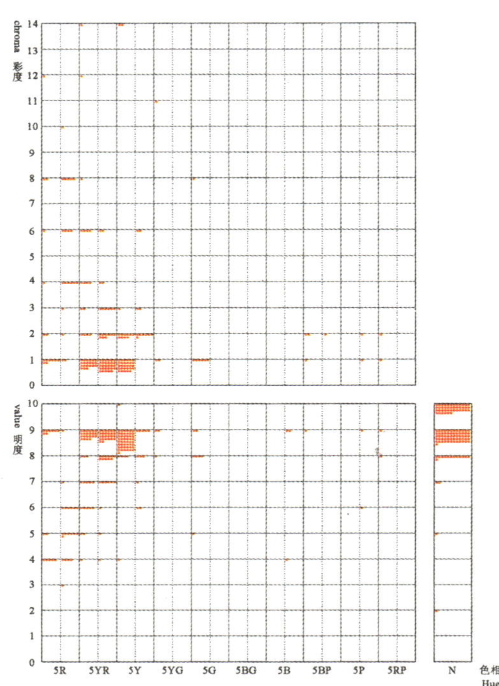

由兵库县的大型建筑外墙基调色结构图可以看出，色彩集中于暖色系高明度、低彩度范围。

按彩度对兵库县大型建筑物等外墙基调色做分类，确认颜色三属性中彩度对景观影响较大。

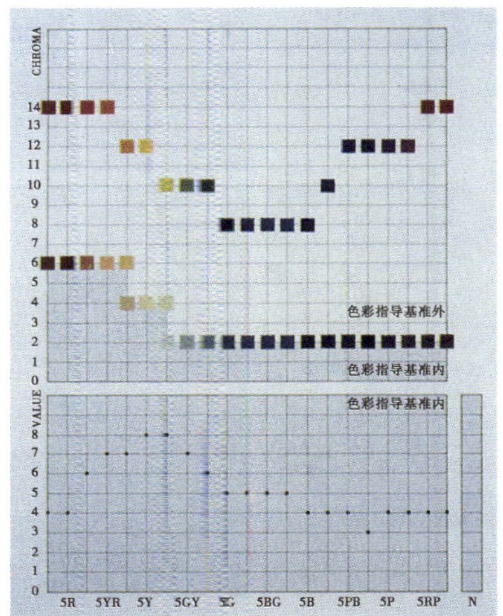

对直接影响景观的彩度做了规范的兵库县的色彩基准，以R系、YR系的色相为基调色使用时彩度在6以下，使用Y系色相时彩度在4以下，使用其他色相时彩度在2以下。

最终色数合计321色

非彩色	121		37.7%
彩度1	105		32.7%
彩度2	38		11.8%
彩度3	12		3.7%
彩度4	13	（二次色1）	4.0%
彩度6	13	（二次色2）	4.0%
彩度8	9		2.8%
彩度10	1		0.3%
彩度11	1		0.3%
彩度12	2	（二次色1）	0.6%
彩度14	3	（二次色3）	0.9%
其　他	3	（二次色1）	0.9%

*二次色……在外墙基调色以外特殊的大面积使用，会对景观造成严重影响的色彩。

按彩度对兵库县大型建筑物等外墙基调色做分类，计算出比例关系，在非彩色上处于彩度1范围的占整体的70.4%。

建筑惯用色

文京区大型建筑的色彩分布

下面是2001年受东京都文京区委托对该区415处大型建筑外装修用色的调查结果。这些数据中彩度不足1的占35.4%，处于1 ~ 2之间的占35.9%，2 ~ 3之间的占14.0%，彩度在3以下的总共占85.3%。彩度再扩展到4以下则占到92.8%，明显看出文京区的建筑也集中于低彩度色。再从色相角度来看，YR（黄红）系占40.5%，Y（黄）系占38.6%，非彩色的N（中性）系占2.7%，以上合计为81.8%。再往下PB（紫蓝）系占5.5%，R（红）系占3.4%，GY（绿黄）系占2.4%，冷色系出现频度连续地极端走低，即使使用了这些色相也都是极低彩度，很少看到色感较强的色调。在明度方面，处于8 ~ 9 之间的最多，占20.7%，4 ~ 9之间的合计占86.4%，昏暗的低明度色很少使用。兵库县与文京区的调查年份不同，分属不同年代，比较它们的调查结果会发现两种色彩分布状况基本没有太大差异（第103页下图所示为不同色调的比例）。

1960年代以前，建筑的外装修色常用明亮的米色，后来公寓的外装修色开始流行砖红色瓷砖。近年来，以写字楼为中心都远离亮色，暗灰色用的越来越多，而且外挂玻璃幕墙、金属装饰板的建筑物也开始增多，但这些流行色彩都局限在暖色系、低彩度范围，建筑外装修在色彩使用上存在这种习惯性倾向。这些色彩范围与占据自然界大部分空间的土、沙、石块的色彩分布重叠在一起。日本城市具有这种色彩倾向，做建筑物的色彩规划时，必须与这种惯用色的范围进行协调。最近，不时可以看到广告、招牌类以鲜艳原色覆盖整面墙的建筑物，在这种无序的色彩滥用中很难看到稳重的基调色。不能片面追求醒目、抓眼球的色彩，应该培养日本都市的惯用色，促进地区景观的重生。

●不同地区色彩数据分析示例——东京都市中心

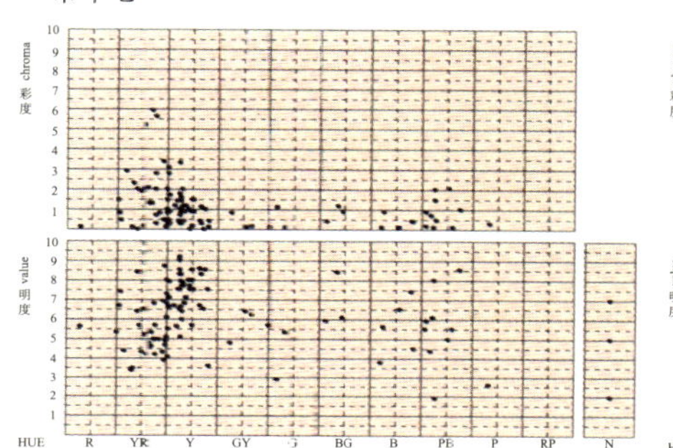

●不同用途色彩数据分析示例——中高层公共住宅

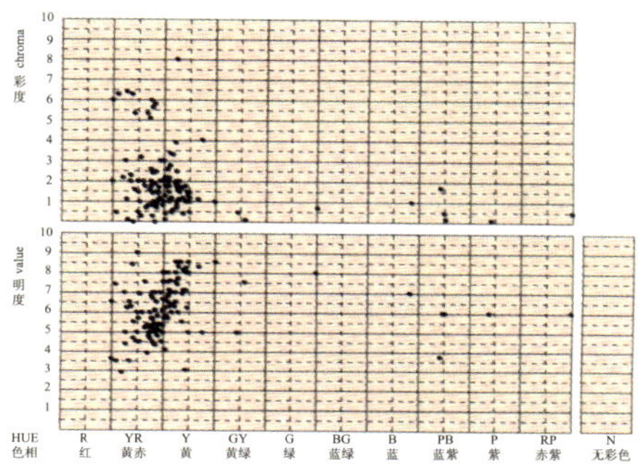

东京都市中心地带和中高层公共住宅的墙面基调色的色彩分布，建筑物外装修色基本上与地区、用途无关，一定程度地局限在一个色彩范围内。

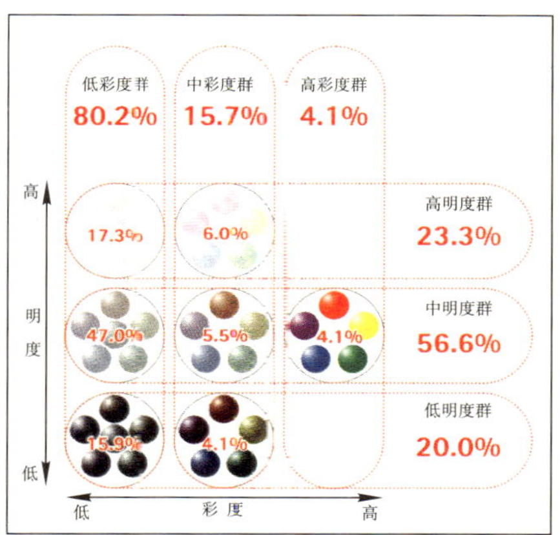

按色调将文京区建筑物外墙基调色分类及各自所占比例，以稳重的低彩度为基调的建筑物占80.2%。

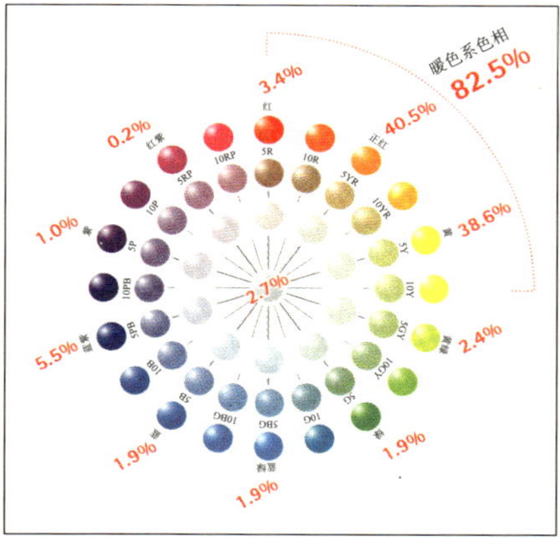

按色相将建筑物外墙基调色分类及各自所占比例。以温和的暖色系色相（R、Y、YR）为基调的建筑物等占整体的82.5%。

颜色与流行

颜色是一种流行。1960年代后期曾流行一种高彩度的迷幻色，家装行业也开始出售或红或绿的原色室内装饰家具，建筑物上使用的高彩度色超级图案涌现在各国都市中。1970年代的石油危机之后，一种被称作高科技抑制彩度的色彩在世界范围内大受欢迎，当时的日本流行用仿红砖瓷砖做外装修。那种鲜艳的用色方式如今已销声匿迹了，取而代之的是以明亮的米灰色为基调的街区，其间仍混有抑制亮度对比的砖红色。随后，进入1980年代以来，有一个时期修建了很多美国建国前后流行的样式，外观施以中间色调涂料的单户住宅。进入1990 年代以后，公寓的外装修多采用大地色，而到了21世纪，城市里给人印象更显前卫，令人瞩目的建筑外装修用起了明快的白色。

纵观这些流行，不难发现彩度大约以10年为一个周期呈高低起伏变化，短时间内消费的服装及商品都善于通过发挥这些流行因素的作用，改变我们的生活。但是使用时间更长久的住宅、写字楼的外墙并不注重在流行色上的过分表现，如果说采用也只不过从局部，在易于改装的较小面积体现一下。流行色反映在较短时期可营造出来的效果上，比如，店铺用的显示屏橱窗、防晒的遮阳篷等，如果在设计上随时捕捉时代的流行，街区才能更有生机。

最近的首都圈公寓展开了激烈的售楼竞争，商家以抢占流行为求胜手段，作为商品在求新上的过度表现是一种倾向。而选购公寓时不要为这些流行所迷惑，应该为长久居住考虑，不可忽视与街区协调。需要提倡的不是使用流行色，而是如何让色彩规划有助于提升市镇魅力。都来购买高品位的商品，城市就会恢复统一感，变成美丽而适宜居住的地方。在这种具有统一感的城市中，流行色用在经常变化的事物上，才能表现其应有的乐趣，在自然界当中，静止的占有较大面积的地方还是以稳重的低彩度色为宜。

第五章　关联性设计

相关性设计——环境色彩规划实例介绍

做环境色彩规划时要考虑色与色、色与形、色与环境等相互间的各种关联，做出综合性判断。色彩不能全部以单色展现，既有与背景色的关系，又伴随日常生活中的素材、形态来表现，忽视这些关系，即使色彩上带有形象感、新鲜感，单凭流行色信息去规划也无法营造出美丽的景观。

做环境色彩规划时要在整理关联性的过程中完成最佳色彩的选择，实际上关联性的整理是相当复杂的，而如何把色彩放到环境中去也是需要相当的经验的。很多人都有这样的经历，用色样本小册子把色彩确定下来，结果试涂后发现与想象中的不一样，难就难在他们不知道从小色票到大面积涂装产生的色彩效果是不一样的。同样，不同程度的光泽产生什么样的效果？相邻建筑物的色彩实际上会产生哪些影响？如果事先学过相关知识这些问题也许都可以做出一定程度的预测，但是，最终只能靠积累经验培养的色彩感觉。要做一个环境色彩专家，通过色彩专业书掌握知识的同时，更重要的是经常观察建筑物、土木工程中出现的色彩，并验证它的效果。带着色票去现场，观测建筑物上实际使用的色彩，这样才能积累色彩感觉。其间还要随手记下色彩的如何表现，学会对相关色值的解读。

环境色彩规划这项工作，不仅仅是对建筑物、道路色彩的指定，还要调查地区色彩，把握当地用色的特色，由此制定便于营造地区景观的指导方针，这也是一项重要工作。同时，扩展市民的参与范围，让更多的人了解环境色彩的重要意义。环境色彩与城镇建设密切相关，环境色彩与商品、时尚的色彩属于不同的设计领域，环境色彩规划围绕城市建设、美化环境实施，而创作漂亮的色彩作品并不是最终目标。第5章列举了一些环境色彩规划的实例，旨在探求如何瞄准城市建设和美化环境的色彩规划方法。

通过协同设计建设城市

幕张湾的色彩调整

幕张湾在“靠建筑来开创城市”这一理念指导下，做了各种新的尝试。比如，在住宅的布局上以往日本通常都是大规模的住宅小区，如今不再是所有住宅统一阳台朝南排列，而是面向道路的“沿路型”配置，更重视街路景观。而且同一街区建设的住宅要由不同的建筑师设计，而设计协调人也要深入到各栋楼中间去做工作，既保证景观的统一，又要避免缺乏变化的呆板布局。

在幕张湾城市公园东街，除负责住宅设计的3名建筑设计师之外，参与街区筹划的还有庭院设计师、照明设计师、色彩设计师，通过相互协同设计尝试街区建设。这种协同设计是把有分工的各专业在综合性环境建设上重新编制整合起来，在协同工作当中，色彩设计师并非单纯负责色彩，还负有调整设计方案的责任。在公园东街的色彩规划中，首先是调查周边的色彩，研究用哪些色域与其保持连续性，并将这一结果提供给建筑设计者。然后，用着色立体图同一尺度把考虑好的色域与设计者的方案表现出来，用来研究相互间的色彩关系。在此基础上，再把庭园设计、照明设计加入到里面，综合起来做设计调整。像这样兼顾街区整体形态的综合色彩研究要反复进行多次，由各专业设计师参加的景观色彩形象就可以定型了。这种色彩调整作业是相当辛苦的工作，但不能单就某种色彩去评头品足，通过街区共享的整体色彩形象来选择后面细节上的色彩就容易多了。

在色彩规划的最终阶段要制作不同建材的色样本，以便带到现场去，进行最终调整。但是这一阶段也要给建筑设计者留出反映自己个性的空间，并不是满足了色彩设计师对色彩的选择权就可以了，街区的景致是把不同个性的一群人想法叠加起来，给以综合展现才显得更丰富。协同设计是营造兼顾统一性，又各具风情的街区的有效方法。

经过着色立面图和模型验证，把确定下来的颜色制成样本带到现场，反复在不同的天气条件下与设计者研究。

幕张湾城市公园东街的色彩规划尊重建筑设计者所指定的色彩，首先按照与整体的同一尺度制成着色立面图，在此基础上再调整与相邻楼栋的色彩关系。

公园东街的3位设计者各负责设计两栋，但他们要反复调整色彩，以此形成整体的统一感。

公园东街进行的协同设计也体现在右侧图片建筑的设计中。在建筑设计上，分管庭院、照明、色彩的设计者在设计协调人的指导下从计划一开始就要综合研究居住环境。

地区颜色的继承

藤泽住宅小区的色彩规划

城市改扩建机构正在对老旧小区进行重建。现有的日本小区住宅都是朝南并列配置，多数为功能型火柴盒式建筑。已历经数十年的这些小区基本上都是容积率较低的中层建筑，所以，大部分已经被长大的树木遮盖，处在一片葱郁的自然环境中。重视环境的城建部门，一时间还把这些大树在“绿色银行”上做了注册加以保护，有时还为其他新建的小区移栽。在这种制度维护下这些成材的树木几十年来从未砍伐过，很好地滋润着生活空间。

神奈川县藤泽市对藤泽小区改建时，城建部门要求外装修的色彩规划要与这些绿树协调起来。从藤泽火车站步行15分钟有一个小山丘，这个小区就散布在山坡上，来此走访时发现米黄色是这里住宅的通用色。这种色彩比较明快，在营造安逸氛围方面问题倒不大，可是，如果使用同一颜色的几十栋火柴盒住宅楼挤在一起，就不是那种感觉了。小区中心地带还建有商铺和活动场所，不过，不同功能的建筑物都采用同种色彩涂装，就显得呆板了。好在这种单调的景观被众多绿树弥补了很多，茂密的树木多少掩盖了色彩单调的不足。

藤泽小区的色彩规划并不介意茂密树木的遮蔽，而是看中了它为街区带来的滋润效果，围绕这一点对外装修色彩度的考虑就十分重要了。多年来经过长期相处的米黄色也考虑将其沿用下去，这种颜色明度高，与树木的对比度有些过分，所以多用于中高层住宅，而一般行人的视线所指处是以树木为背景的底层住宅色彩，其明度就低得多了。改建中的建筑面积也有所扩展，还将增加高层住宅，不过，为了缓和高层带给人的压抑感，又不厌其烦地将建筑物划分出几个层次配色，以免看着单调。在不打乱整体统一性的前提下，每栋楼的色相可稍做改变，以求景观富于变化。完成改建后的藤泽小区气氛一如既往，让人看着总觉得还是往日那种安逸的景色，并不生疏。不论什么时候，添加造成新变化的色彩不是问题的关键，把以往已习惯适应的景色继续下去，进一步养护起来，才是环境色彩规划的重要课题。

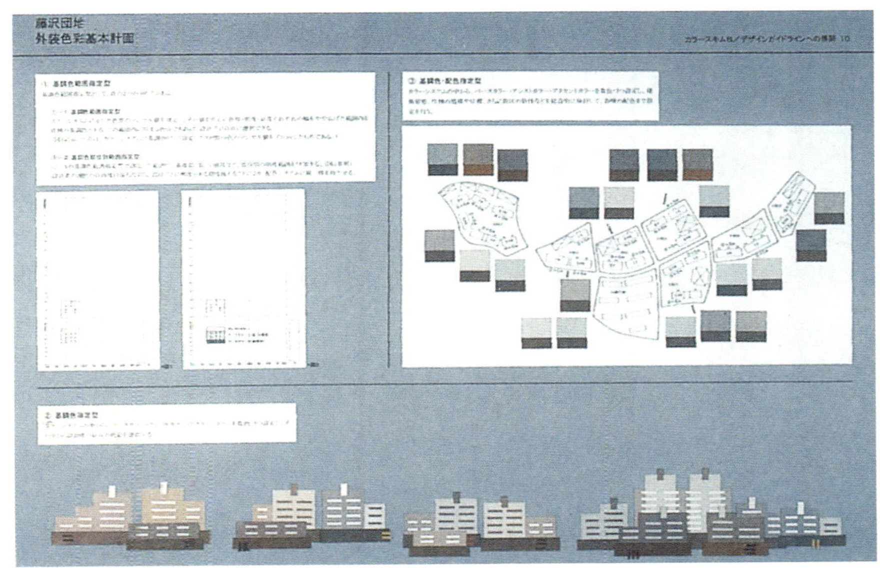

藤泽小区的改建计划中，尽可能地保留了已长成材的行道树，而色彩规划则照此方针在增强对树的视觉印象上想办法。

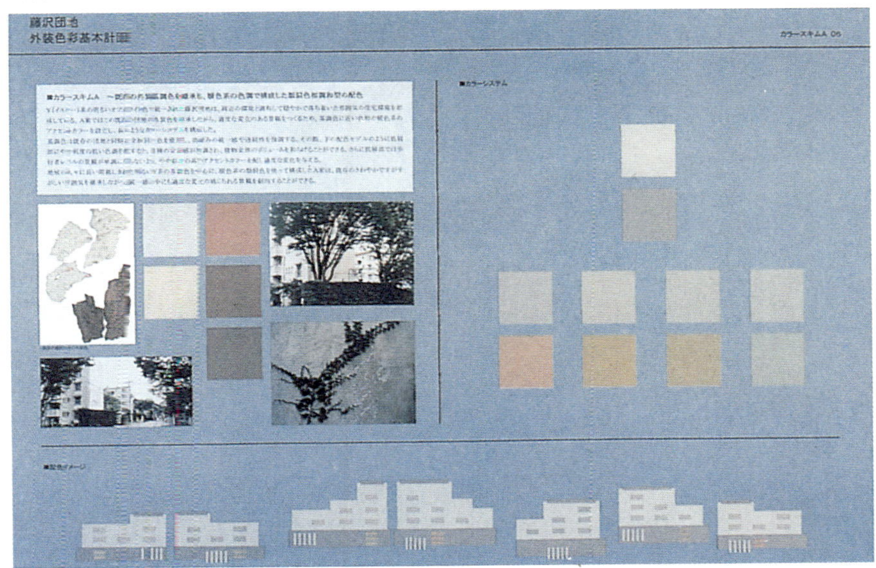

色彩规划做了多种方案，注意力集中在研究各自的长处上，最终采用了限制色相范围的色相调和型方案。

完工后的藤泽小区。按建筑物的形态区分使用颜色，适当分出高低层次，以缓解较大高层楼栋造成的压抑感。为了充分发挥茂密树木的作用，调整了外装修色的彩度。

制定通俗易懂的色彩指导规则

熊本色彩指南

1998年，熊本县土木部景观整备科发行的《熊本色彩指南——色彩景观指导方针》中添加了一些新的尝试，以便其中的色彩基准更通俗易懂。在日本国内建筑基调色调查数据的基础上，建筑外装修用的颜色系统的制定就是这些尝试之一，此色彩系统把对景观影响较大的颜色的彩度类别分为非彩色群、低彩度群、中彩度群和高彩度群四个档次，其中明度按非彩色群分五个档次，低彩度群分三个档次，中彩度群分两个档次，全部由11个色调群组成。不仅彩度，加上明度分类就可以用来进行更具体的色彩调控。同时在建筑设计者和涂装从业人员中间，也可以将常用的日本涂料工业会涂料用标准色样本册按11个色调群分类，也便于对通常传用的色票做使用指导、建议。《熊本色彩指南》采用了按11个色调群分类的色彩系统，公布了目前指定的7个景观建设地区和特定设施布置区，以及供大型活动、重点场所等使用的色彩基准。景观建设地区的色彩指导方针给出了经调查总结出来的建筑外装修的色彩特性，标明了与周边自然环境冲突的高彩度色以及避免使用与现有建筑物对比过强色彩，并提示了当用色调。此外还把与当地特性相符的色调、能与融入周边景观的建筑物协调起来的配色作为推荐色罗列了出来，但应该排除的并未尽数列出，只是通过介绍推荐的色彩来明确景观建设的方向性。如果处在形态、用料尚未选定的情况下，尚难做出针对色彩的具体方案，不过，即使形态、用料有变动《熊本色彩指南》也推荐了用起来问题不大的色彩。

景观条例中色彩基准所规定的东西不再如以往那样老套，因此很多地方政府不适应用色值去调控环境色彩。处在这一时期学究式的色彩理论学习毫无实效，值得关注的是如何让《熊本色彩指南》更通俗易懂。与其打造配色漂亮的建筑物，倒不如去致力于消除阻碍景观的色彩，夯实景观建设的基石是我们的首要目标。

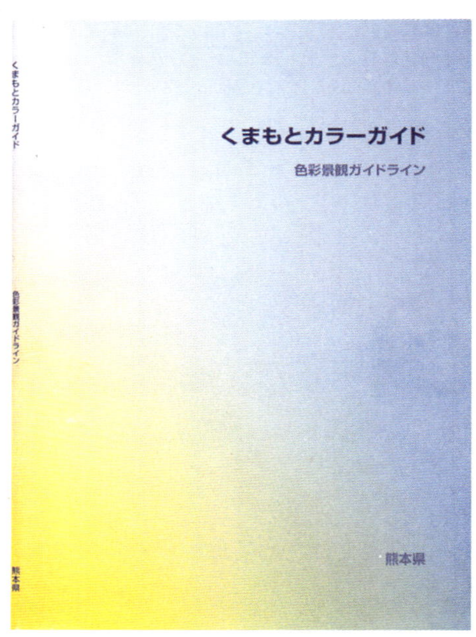

《熊本色彩指南》的封面。

为了色彩指南用起来更方便，建筑用的色样本在日本使用最多的是日本涂料工业会对涂料用标准色的分类，可用的色彩范围一目了然便于确切地做出抉择。

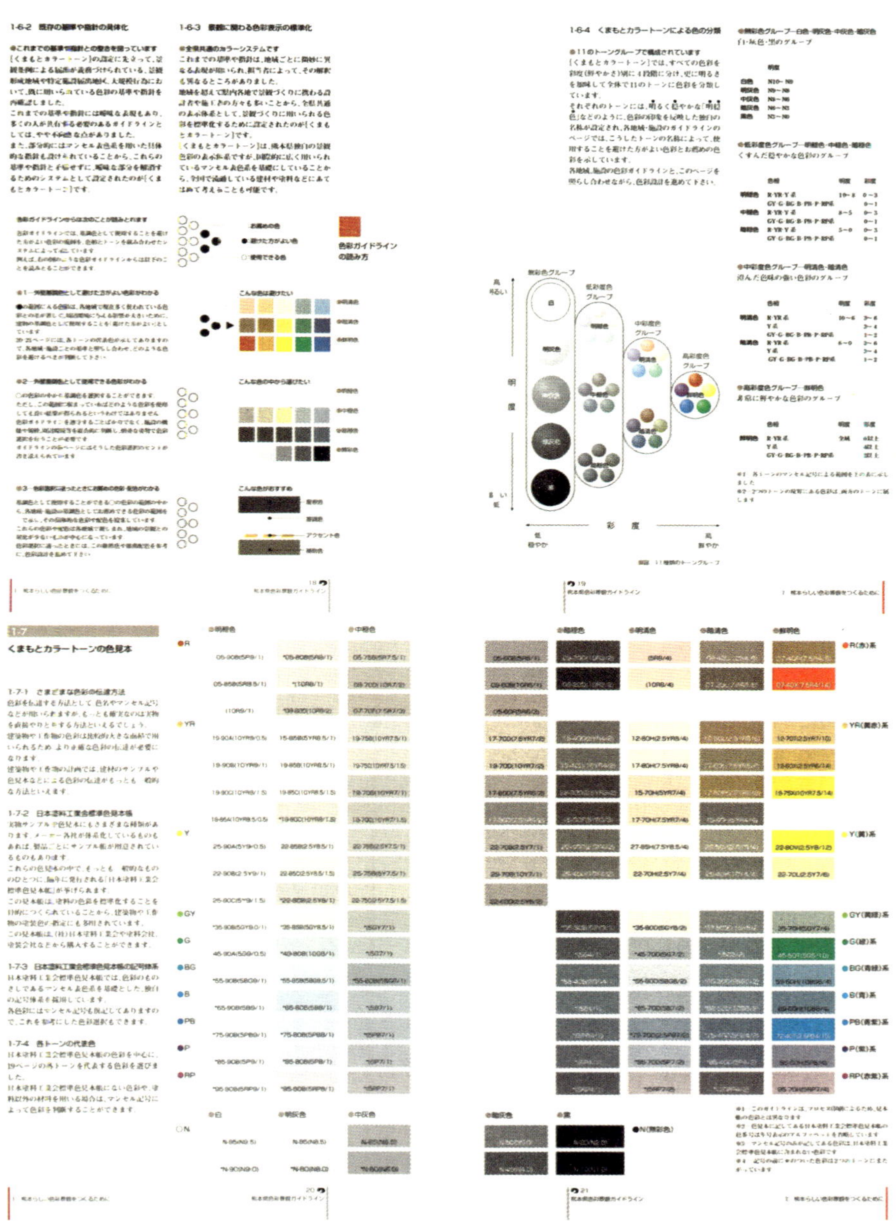

《熊本色彩指南》制定了建筑外装修用的色彩系统，它由11个色调群组成，通过色调分类标示出各地的色彩使用规范。

对地区积淀的色彩的再构筑

Heart island新田

东京都足立区的Heart island新田是城市重建机构按计划建设的新街区。这个街区沿隅田川河岸平坦地带，就着缓坡面向巨型堤防顺势而上。

新田的环境色彩规划最初的概念受英国艺术家安迪·科尔斯瓦奇首创的一种造型的启发，科尔斯瓦奇游走世界各地，所到之处总是利用当地独有的素材不断地设计富有情趣的造型作品。沿着林间小路按照树叶由黄到红，把红叶树细心地排列起来；把南极冰柱的造型竖立在地面，建造起自然界见不到的人工景观，一座用石块堆砌起来的圆锥造型在我记忆中印象尤为深刻，那是在海岸或河滩上制作好，从白色顶端向下逐渐变成黑色。当初我以为是捡来的石头用灰泥涂上了颜色，看了作品说明才知道，原来是把捡来的各种颜色石块集中起来，由白到黑按颜色分类，再用暗色石块打底，往上越来越白依次增加亮度仔细堆砌起来。这件作品在告诉我们，这种看不出雕琢痕迹的自然感觉，实际上是循着严谨秩序的。

新田规划地周围过去是一片住宅，远远看去外装修色杂乱无章，其实如科尔斯瓦奇创作的作品那样，是日本人无意中选择的颜色，让人看着总觉得是着意为之。我们提出方案建议详细收集这个街区的色彩，移植到新的新田风景中。规模大一些的楼栋基调色部分使用采自周边的沙、土、石块以及树皮的颜色，突出色部分使用比藤泽小区彩度高的色彩，具有这一彩度的突出色有很多，使用面积也比较大。神清气爽地走在隅田川河堤上，看到多种突出色展现眼前，它们都是计划地周边长年积淀的色彩。由于色彩选择采用了这种方法，从巴士上下了车走在现有马路上，看到这些住宅楼，其色彩较强部分才不会让人觉得生分，尽管对周边环境的评价不高，但是，环境色彩规划作为地区个性映入眼帘，如何维系下去就成了一个重要课题。

Heart island新田的外装修上使用了很多高彩度突出色，这些色彩都是采自周边街区。

用作集会场所等公益性较强建筑物比楼栋颜色更醒目一些。

新田的一座住宅楼用了多种突出色，但其中的一种是邻近的楼栋使用的颜色，以此强调街区的连续性。

楼栋的走廊也采用突出色，以免造成景观单调。

河边所见景观。墙面基调色的彩度比从街区一侧看上去要低一些，大面积上给人舒展清爽感。

景观建言的作用——建言制度应用实例

近年来越来越多的地方政府制定景观条例，这些景观条例更多地注重于环境色彩基准的设置。如果仅靠目前“建筑物外墙应使用与周边协调的色彩”、“建筑物外墙不能使用很强的原色”这类情绪性规定的内容，职能部门面对“可调和色彩具体是哪一种颜色”、“原色以外的什么颜色都可以用吗？”这类问题时往往会给出不同的解释。

解决这些问题就要设置一个由数值来决定颜色的色彩基准。在很少把色彩基准视作建筑用色来使用的当前环境中突出色的使用非常明显，想控制这种现象大体上就是采取消极方式。有个性的地方性景观建设地区给出了希望积极使用的色域，但是，制定了这种色彩基准的地方多属古镇，作为观光地更有价值，生活在这些地方的人们依古镇的装扮保护环境的意识很强，支持积极的色彩基准。

其实不论消极也好，积极也罢，在色彩范围上人们的自由度往往一定程度上得到认可，过于极端的色彩基准跟不上变化中的新时代，也难以得到追求多种表现方式的建筑设计者们的支持。可用色彩的范围与其用情绪化的书面表达远不如比照色值基准更明确，但是，遗留的问题是对自由度该如何解释，解决这个问题需要有经验的专家做出判断。建筑的习惯用色一般使用低彩度色，因此很小的色差在实际环境中也会造成很大的问题，在这类与周边环境的关系、与建筑形式的关系以及单户住宅的配色上，都需要通过建言制度综合判断，对色彩做出恰当的指导。靠行政制度引导的范围有限，地区美丽景色的持续再建注定离不开当地居民的支持，色彩的判断问题很大程度上与个人爱好密切相关，但是在地区景观的形成上，使用多数人赞成的常识性色彩才有效。为了推广这种常识性色彩的使用，做色彩建言时就不仅限于对单个物件的色彩指导了，还要促使共建街区的居民们参与其中，把热情倾注到环境色彩知识的普及中去。

与周边环境的亲和

北九州市门司港

福冈县北九州市采用建言制度，从细节上推进景观建设。门司港周边通过修旧行业正在使街区变得美丽协调，同时位于这一地区的门司港文化中心也因这一建言制度恢复了活力。文化中心外墙的瓷砖已开始剥落，1999年曾经就修补工程征求色彩建言。

赶到现场时发现是当年施工质量问题导致了瓷砖剥落，处于很危险的状态。尚未剥落的瓷砖仍很漂亮，为此有提案建议采用同样瓷砖修补，对于视线以外部分，有提案研究认为破损较大的部位，可以把将要剥落的瓷砖铲掉，贴上金属光泽面板，那是一种涂覆御影石（日本的一种纹饰样式　译注）效果的贴面材料，这种具有石质感的金属贴面板从远处看上去与石材毫无二致，打磨过的御影石外墙不属于门司港修旧行业的服务范围，所以建议找出一种替代材料。调查周围建筑物的色彩和所用建材，寻找与其类似的砖、石及划痕瓷砖，考虑有工期、预算等问题，施工就开始了。有人接触的底层部分用仿砖墙瓷砖，自二层往上的外墙用金属贴面板，关于金属贴面板，并不是御影石效果的贴面材料，而是单色涂装，将金属固有的质感无保留地发挥出来。文化中心上面的楼层是住宅都市整备公团（当时的城市再建机构）租用的住宅，外墙也做了同样涂装，而此前的外墙涂装是米色，一旦出现污渍非常明显。从门司港泊位角度能见到的建筑物的背景是群山，尽管那片绿色面积不大，但已为人所习惯，在不觉沉重的范围内抑制了明度，而且与外墙和阳台的色彩形成对比，对大型建筑物那种特有的压抑感可以起到缓和调节作用。

经改建后的门司港文化中心、海边仓库颜色的变更、改为美术馆部分的重新装修也都得益于建言制度。但是，对周边保留下来的待修旧建筑物做色彩调查时发现，如何与周边环境的协调、色彩与建材的关系等也需要建言制度发挥作用。就色彩基准中尚未触及的详细调整而言，色彩建言制度仍切实有效。

门司港文化中心的色彩建言要求对地区其余待修旧建筑物作色彩调查，并强调把地区特色巩固下去。

改装后的门司港文化中心底层混有富于质感的划痕瓷砖，以求与待修旧建筑之间的协调。

海边仓库群不仅单纯地对照周边景观，为了表现沿海所特有的生机，库门还采用了鲜明的突出色。

这些建筑物是由仓库改建的美术馆，色彩索性就用仓库以前的色调涂装，将这里的地域特色延续下去。

改善地区景色——色彩创作室实例

单凭行政上加大对景观条例的引导并不能完成美丽的街区建设，为了推进地区景观建设的开展，需要当地在住居民的参与。有关建筑物等的色彩问题，不仅行政、设计部门对环境色彩重要性要有足够认识，普通人的深入了解也十分重要。为了从这一角度宣传环境色彩规划的广泛意义，越来越多的地方政府设立了创作室，学习各地的环境色彩规划的意义及地区的色彩基准，摸索出一套维护、扶植自己居住的街区景观的方法。环境色彩创作室就产生于这种摸索的过程中，其历史尚无从谈起，所以作为一种方法还没有最后确立，而创作室需要形成某种程度的定式，当然，也要兼顾各种参加者的特性，考虑当地的地区性，重要的是平时通过新方法的试行，边做边改，持续下去。探索新方法的智慧必然产生于街区建设的过程中。

几年前为了提高大家对景观中色彩重要性的认识，通过景观研讨会等形式，介绍了国内外一些城市在环境色彩规划方面的很多成功实例。但是，环境色彩的效果如何，仅靠解说并不容易理解，单纯了解一些在环境色彩规划上先行了一步的城市实例，也无助于活动的推广。这就要求我们在今后的景观建设中更具体地应对地区的实情。而满足这一要求就离不开市民与政府之间的协同配合，为了扩展这种协同功能把地区色彩问题作为一个课题，用来研究实际解决办法的创作室就很有效。为了营造出美丽的色彩环境，要发动当地居民，让积极参与这一活动的居民越来越多。创作室搞得活跃的地区就会集中很多懂得环境色彩的人才，我以前去过的环境色彩创作室都涌现出很多有志于地区景观建设，协助政府制定地区规则的人才。环境色彩创作室在协同功能上还有利于培养骨干人才，随着街区建设的多样化，发展景观建设也要去适应各种场面，有效开发各种层次的居民智慧。从这一点出发，下面再介绍几个环境色彩创作室的例子。

扶植地区色彩教室

横须贺市的环境色彩创作室

神奈川县横须贺市组织市民开展的环境色彩学习活动就包括每年去体验环境色彩规划的色彩教室，以当前的住宅、工厂围墙以及公园游乐设施为对象做色彩规划，然后，按此规划开始实际的改装。参加这种教室活动的市民，通过调查学会了观察地方色彩特征的方法，切身体验了色彩规划的流程。看到按照指定的色票涂装的住宅、公园游乐设施，他们懂得了很小的色票上的颜色如果大面积涂装就会产生差异。

一个地区的色彩终归是住在当地的市民选择、扶持起来的吧，必定有属于他们当地的用色规则，在规则尚未被大家认可之前，人们十分看重过去积淀下来的色彩这并不奇怪。依个人所好、追逐流行去选择色彩，往往造成一个地区景观的混乱。制定地区的用色规则时，生活在那里的人们会无意识地加以选择，不仅要让他们懂得色彩的历史积淀，也不能忽略了对自然色彩所具有的秩序的学习。

横须贺市的色彩教室共实施了4个阶段的课程，第一阶段是对列入了色彩规划的住宅、游乐设施的周边背景色彩的调查；第二阶段，通过色彩分析把握地区特色；第三阶段，在图纸上着色，研究图形与色彩的关系；到了第四阶段，各组把从调查到形成色彩方案的过程整理出来，分组公布在揭示板上，从中选定优秀方案，作为施工设计计划用来实际涂装。色彩教室的方案曾经为东芝一家工厂的围墙做了与附近的住宅区相称的浓淡法涂装，在这一工程的带动下，自那以后这个地区做道路修整时都特别注意色彩规则。出于景观上的考虑，安全围栏采用棕褐色，为了与这些围栏的色相协调，接着又把过街天桥改涂了灰褐色。此外还做了利用电线杆广告发布地区信息的实验，如果把这些创作室的成果作为今后整备工作的方向，居民参加街区建设的积极性会更加踊跃，环境色彩创作室盯准这一可能性，在程序的编制上会很有意思。

位于横须贺市的东芝一家工厂的围墙采用了与附近的住宅区相称的浓淡法涂装，该创作室得到了当地涂装公司的配合，只一天时间墙面就完全变成了另一副漂亮的样子。

受工厂的围墙重新涂装的启发，附近的道路整备施工也开始重视对色彩的规划，最近，地区信息发布实验性地借助了电线杆广告。

具象性的熊猫、狐狸造型的圆凳，用E-mail上用的表情符号风趣地展现在游乐设施上。由色彩教室为这些设施选定的色彩在横须贺市的其他公园里也开始使用了。

列入色彩教室规划对象的公园游戏设施。色彩教室的组织者为了培养孩子创造性而选定的色彩，并编入色彩规划。

公园的游戏设施经过设计用鲜艳的红色、橘红色、粉色。

小学生修建的美丽校舍

上越市南本町小学的色彩创作室

新潟县上越市办过一次环境色彩训练班，为了培养孩子们对色彩的兴趣，以南本町小学六年级学生为对象实施了色彩创作室培训。不仅讲解环境色彩的意义，为了让他们体验色彩作用还对学校楼梯间的墙面做了实际涂装。当时正在进行提高校舍抗震能力的施工，其外装修色就是在景观条例的基础上通过建言制度，选用了与周边环境协调的色彩。为了保护建筑物，校舍的外墙每10年重新涂装一次，当时，室内墙壁不在预算之内，可南本町小学的室内墙皮灰泥也已褪色、剥落，充斥着昏暗污浊的氛围。不时可以看到局部修补的迹象，但与原有灰泥颜色不搭界，色彩不协调。

色彩创作室通常只能在学校的课程间隙见缝插针地开展活动，为此，事先对学校的内装修做了调查，考虑当时所用色彩的色相及色调，决定了一层用黄色，二层用绿色，三层用蓝色这些主题色。然后按照与各自主题色相近的色相各选三种辅助色用来采购灰泥。学生们很快就开始涂装了，在涂装工人的帮助下事先打了底漆，色彩创作室活动的当天，首先让学生们做基本的配色调和，给他们讲解主每层不同的主题色与辅助色所构成的色彩系统。整个上午的时间用来做第一遍涂装，下午学生家长也参与进来，大家被分成两个小组，一组做第二遍涂装，另一组设计筹划楼梯间踏步台墙面的图案模式，但并不是在墙上简单地画画。教小学生通过模式设计来营造舒适空间可不是件容易事，对于黄这一主题色可理解为光，绿就是森林，蓝就是水，把稍显抽象的题目在并不具体的色彩空间加以扩展，表现出来，对于小学生而言，确实是不易适应，但是，明快的配色系统把楼梯间变成了清爽愉快的空间，通过对这一美丽空间的切身体验，让他们学会了配色的基础知识，他们长大以后将会重新审视街区，由他们开创的美丽景观值得期待。

借助彩色铅笔给小学生讲解配色基本原理。

接受当地涂装工人指导的小学生。细节部位的涂装使用毛刷，大面积涂装使用滚轴刷。

重新涂装之前昏暗的楼梯间。

用泡沫海绵球蘸上涂料做图形模式描绘的小学生们。

各层贴有楼层数码，醒目明了的南本町小学楼梯间。

结束语

我于美术大学毕业后被研究室留用了一年，随后在大学的主任教授工作室开始从事设计工作，第一份工作是一个高尔夫球场的色彩规划。当时，建筑的色彩规划是由1960年代中期兴起的超级图案运动引发，是刚开始出现的一个新领域，一时还找不到这方面的教科书，记得当时是看着杂志介绍的实验性色彩空间的实例，一边开展工作。后来，到法国的著名色彩师让·菲利普·朗科洛的巴黎工作室学习了环境色彩规划，当时学到的一句话是“不同的地区，不同的颜色”，为后来的日本环境色彩规划的实践带来很大启发。学生时代接触的设计都是考虑怎样实现方便、舒适的生活，但是，自从接触法国各地风土色彩之后发现，人们生活中不仅仅追求方便，充分展现个性的地区特征也同样重要。1970年代的日本，人们的景观意识还很淡薄，从事环境色彩规划工作实践起来难度可想而知。也正是在这个时候，遇到了一个主张“只有建筑物算不上真正的都市”，从事城市设计的公司，在城市设计上曾研究过如何处理景观方面存在问题的建筑物，在我记忆中这个内容引起了很大反响。这个城市设计群体具有综合性的新思维方式，与他们建立协作关系促成了环境色彩规划的健全。

环境色彩规划不是生产新作品，而是解读当地迄今积淀下来的资源，把它进一步培育起来才是根本。地区特色也不是单凭色彩完成的，它是由多种相关要素交织在一起形成的。很多色彩设计工作者在问：什么是新，是用以前没有过的色彩来表现吗？局限于狭隘的色彩设计领域去完成某一景观难免让人迷惑不解。设计领域追求效率，分工充分细化，但是，做详细区分的设计领域若随意地撮合大家的主张，其完成的景观必乱无疑。色彩是一个与各类设计都密切相关的神奇领域，今后的环境色彩规划应该担负起与细化的各设计领域相互沟通的作用。

最后，从环境色彩规划上积累的经验方面介绍一下，面对建筑外装修及结构材料的颜色选择感到无从下手时，避免出错的几个方法，以此作为全书的结束。

选择外装修色无从下手时，可按10YR、彩度3以下的颜色

正如目前的环境色彩调查资料所告诉我们那样，日本传统建筑物的外墙用料使用的是木材、泥土及灰泥等，色彩大致分布于YR系或Y系这类低彩度的较小范围内，而且这种倾向还在向城市的大型建筑延伸。具体来讲就是以10YR附近的色相为中心、以7.5YR ~ 2.5Y这一不大的色相幅度为基础。若稍留有余地地扩展到5YR到5Y这一幅度，就可以把日本建筑物的外墙基调色都收入其中了。这种色相既符合自然基调色，又与砂、土、石色相一致。各种色材人们都可以搞到手，建筑外装修也就可以用丰富的色彩去表现。但是，即便掌握了这些技术，要想达到与自然基调色不至于差得太远的水平，仍大有文章可做。我每逢在外旅行都一路收集沙、土，对建筑物的用色拿不准主意时就按这一颜色范围寻找。土带有各种颜色，用哪一种都不至于产生很大区别。我们人类在进入城市化以前，始终在与大自然的友好相处中生息繁衍，对色彩的感觉也出自大自然，自然界的基调色也就是我们生活的都市的基调色。自然界所没有的很新奇的人工色彩易于引人注目，可很快就没有什么感觉了。建筑物的外装修采用新颖的、有别于周围环境的颜色不能说不需要，如果使用自然基调色范围内的色彩，事先考虑了周围的植树及花草，色彩的变化就由这些植物来替我们完成了。

我对建筑外装修的选色举棋不定时，就按照“10YR、彩度3以下”来掌握。纵览关西地区建筑外装修的调查数据，可以发现与关东地区相比他们稍向Y系靠拢，差别不大，所以用10YR的色相也没有问题。这样说可能有人会觉得照此下去城镇不是太单调了吗？殊不知，色彩与形态、建材的不同组合同样会带来形象的变化。当前的街区已经在很宽泛的色相带中扩展开了，所以，成为其中核心的色相在增多，能让人感觉到基调色的城镇正在形成。10YR、彩度3以下这一范围的色彩组合非常丰富，发挥明度差、彩度差的调节作用可形成多种配色，再以这个色彩范围的颜色作基调色，加上突出色组合起来配色更加无穷尽。对建筑外装修色的选择拿不准主意时就按照“10YR、彩度3以下”来掌握万无一失。

道路基本上用当地的土地色

最近的道路铺装材料种类繁多，调整块、水泥平版、透水彩砖等开发出很多品种，而且这些产品色彩也很丰富，调整块和平板等可以做模式配色，厂家通过电脑图形做出多种多样道路配色模式的方案。像这样配好色的模式、画面砖可以在很短时间内送到日本各地的用户手上，海滨的散步道描绘成海的造型，游泳池描出白色波浪模式，还有表现当地特产水果的散步道。在这些模式中对盲人步行所需的引导砖的色彩应用颇有阻力，如果与道路设计相关，自然希望引用配色模式，很难限制在单色上；长途道路的平面图摆在前面，矫枉过正地指定单色相当困难。看着厂家带来的各种配色模式，自己也想尝试一下做个设计，于是就用当地的海水、花草、土特产等较简单的模式主题装饰道路。与道路算是联系上了，可是换上其他人继续下面的工作时，用色和模式都变了。每条商业街都争相聚拢人群，而未考虑近在左右的社区铺装材的色彩及模式，忽略了与邻接道路的相互关系，看到类似这样凌乱的道路时，如果用单色沥青或混凝土铺装是不是会更美观一些呢。矫枉过正，又不考虑与周边的关系，做简单的模式设计，其弊端绝不可小视。

很早以前都是用土、石铺路，没有那么多颜色，道路在景观中是基调，街上的行人、装饰店铺的商品、随季节变换的行道树颜色都在景观中发挥各自的作用，我认为道路应以低彩度的单色为准，以过去的红砖那样带有自然的烧结斑纹为宜。模式设计应限用于广场、无机动车的商业街等场所，选色如感到为难就用代表当地的土的颜色应无大碍，从干土到湿土的明度变化中做出选择即可。厂家也将暖灰色、淡灰褐色这类石材所具有的沉稳而不刺眼的色彩作为标准色来推荐，以便于全国很多地方都能通用。企业间存在的竞争使得实行起来并非易事，今后景观法的景观行政部门完全可以将其决定为地区标准色。

道路的附属设施都以10YR为准

道路周围有过街桥、路灯、护栏、安全岛、路标以及配电箱、灯杆、公用电话等各种设施，对它们的色彩不做调整就直接使用，会造成景观的不协调，这种例子很多。过街桥的涂装我们常看到的绿与蓝的中间色，路灯多用白色，最近焦茶色开始增多，护栏也是白色，安全围栏用白色、茶色或绿色。管理主体决定了色彩的多样化，像护栏、安全岛这类需引起开车人注意的自不必说，而其他附属物则没有必要做的太醒目。可以取与前者同色，或在色调上加以区别，做色相调和型的配色就完全可以了。像这样把色彩决定下来再做调整，日本的道路空间一定会更美丽。我觉得为道路空间选一个好色彩并不是太难的事，对很多设施的主体用色规劝起来很难，色彩用得杂乱无章。

但是，最近出现了新的动向。为了推动创建一个美丽国家的进程，国土交通省制定了“配合景观的安全围栏整备方针”。要求地区订立基本计划，并督促对其中相关色彩的控制，对尚未订立这种基本计划的地方，要督促以日本建筑外装修色为基调的10 YR系色相做调和，使用10YR2/1、10YR6/1、10YR3/0.2这三种颜色，以免过于刺眼。像这样对颜色提出具体要求至关重要，最近增加的棕褐色经厂家使用后，色相、色调也变得参差不齐了。通过政府对安全围栏标准色的公示，今后厂家之间造成不规则的色彩将逐渐被管束起来。其实还不仅安全围栏，10YR这一色相作为道路附属设施的基调色也得到了认可，群马县的高崎市已经决定用10YR将过街桥重新涂装。通过这种决定标准色的方式，全国到处都将变成无个性的景观，甚至有人会为此感到可怖。但是，色彩使用随意泛滥的个性空间就无以维系了，其实还是留出了施展个性的部分，如临街的店铺，行道树以及从路上看到的远景等，可以用来支撑这些的色彩，还是使用10YR这一低彩度色能有所收效。

拿不准主意时可用低彩度色

每逢初春日本到处都是赏花的人群，聚餐在盛开的樱花树下别有一番情趣。这个时期凡是赏樱名胜地都是人满为患，但是，如果静下心来鉴赏樱花时，就会发现周边有很多高彩度色，比如报春的粉红色提灯、蓝色铺垫、掀开了篷布的游乐设施等，有很多超然于淡淡樱花之上的高彩度色。提灯用白色并非不可以，植物编织的草席也不次于铺垫。不是一律追求安稳，原色夜店排列出的景色不也很美吗，但是以樱花为主角的景色与娱乐场所应该有区别才是，如果到处都色彩泛滥，场所魅力就会消失殆尽。为了让樱花看着更美丽，周边的色彩也需要整理一下，铺垫在日本随处都可以见到，我觉得不用那么花哨的色彩也很不错，但是，其他沉稳色彩的塑料布却不易买得到。日本美丽的田园景色、风情景点也是以这种蓝铺垫为主。希望大地色、深绿色铺垫早些上市。

环绕公园的蓝绿色编网围栏也引起我注意，周边的绿化，花草都整备得很好，周围却用围网圈了起来。我觉得这种蓝绿色编网围栏用在缺少绿色的灰蒙蒙的工业地带，倒是一种产生滋润感的颜色，经济上也消受得起。为绿色做整备时，滋润效果可任由天然的绿色、花朵去营造。最近，网眼围栏又取代了编网围栏，色彩多采用棕褐色，围栏的主打颜色本来是蓝绿，既然如此，那些鲜艳色彩就可以弃之不用了吧。

同样理由，蓝色铁皮屋顶也是特殊颜色，以求避开常规色。由于高彩度色的屋顶用金属板皮修补，同颜色的修补涂料也就比较好卖。北国雪乡那些金属板皮屋顶的房屋，做修补时为了保持与周边房屋的对比往往还是使用蓝色，学校体育馆的起脊屋顶也普遍使用蓝色、绿色金属板皮，这类色彩也阻碍地区美景的自然展现。

为了留下自然界不断流转中的景色美，低彩度色的使用就显得尤为重要，面对多种颜色选择难以决断时，彩度低的颜色是最明智的选择。

■作者简历

吉田慎悟（YOSHIDA SHINGO）

1949年生于神奈川县川崎市。

1972年，毕业于武藏野美术大学基础设计专业。

1972年，供职于武藏野美术大学基础设计专业研究室。

1973年，供职于武藏野美术大学教授向井周太郎研究室。

1974年，赴法国让·菲利普·朗科洛教授工作室留学。

1975年，色彩平面设计中心（色彩规划师，1994年起任董事）。

1989年，武藏野美术大学基础设计专业非常勤讲师。

1990年，CLIMAT有限公司董事。

1994年，武藏野美术大学视觉传递设计专业非常勤讲师。

1994年，长冈造型大学非常勤讲师（至2004年）。

1998年，早稻田大学艺术学校非常勤讲师。

1999年，九州大学非常勤讲师。

2000年，京都造型大学非常勤讲师。

[所属团体] 日本设计学会会员（1972年），公共色彩思考会会员(1985年，2004年之前任常委)，城市环境设计会议会员（1991年，1996～2000年任干事），日本色彩学会会员（1993年），社团法人神奈川设计机构（1996～2003年任理事）。

[著作]《环境色彩设计》CPC选集（1983年，美术出版社），《城市与色彩》（1994年 洋泉社）合著，《营造都市色彩——环境色彩设计手法》（1998年建筑资料研究社），"TVOLVING VISUAL PATTERN"会展（1979年，美国哈佛大学木工中心），"斯图加特国际色彩设计奖"（1980年，横滨邮政中心局色彩规划）。

[主要工作经历] 东急线卫星城我孙子村镇综合色彩规划（1975年，东急设计），町田站前再开发色彩调查·设计（1978年，町田市），广岛大学校园规划色彩调查（1978年，城市环境研究所），西友商店厨卫商品彩色浏览册制作（1997年，西友），横滨邮政中心局机械化设施色彩规划（1980年，邮政省），川崎市市中心公寓设计基本规划·色彩调查·建言（1981年，城市环境研究所），取手站西口再开发规划·色彩设计（1983年，日本设计），兵库县景观条例色彩指导基准编制（1984年，兵库县），九州电力松浦火力发电站色彩规划（1986年，九州电力），大川端"河川城市21"环境色彩基本规划（1986年，住宅·城市整备公团），种子岛宇航中心大崎发射场吉信发射点色彩规划（1987年，宇宙开发事业团），时尚筑波研究所色彩规划（1988年，千代田化工建设），江岛特别景观建设地区色彩规划（1990年，藤泽市），北九州市工厂港湾设施等色彩规划（1991年，北九州市），西福冈水手卫星城色彩规划（1991年，住宅·城市整备公团九州分部），弘前市环境色彩调查（1992年，弘前市），城市舒适色彩环境的形成·调查研究（1993年，建设省·UDC），横须贺市海滨卫星城事业化计划环境色彩调查（1993年，日本开发设想研究所），川崎市沿海环境色彩调查（1994年，川崎市），福冈优雅别府色彩设计（1994年，住宅·城市整备公团九州分部），晴海1町目2-3街区住宅外装修色彩调查规划（1995年，住宅·城市整备公团），地区色彩素材研究，常滑·出石·内子（1996年，INAX），熊本县景观建设色彩指南编制（1997年，熊本县），野田市景观建设规划（1998年，千叶县城市整备协会），中国海南省海口世纪大桥色彩规划（1998年，城市环境研究所），幕张 Baytown Ground Patios公园东街色彩设计（1999年，城市环境研究所），藤泽小区（改建）外装修色彩规划（1999年，住宅·城市整备公团），兵库县山崎町划定景观建设地区调查（2000年，兵库县），优雅卢乃斯香椎外装修色彩规划（2000年，泛建筑研究所），新田色彩基本规划（2001年，城市基础设施整备公团），关门景观色彩基准制定（2001年，北九州市·下关市），上越市公共建筑色彩指南（2001年，上越市），中国盘锦市环境色彩规划（2002年，西蔓色彩），文京区色彩指南编制（2002年，文京区），新田地区色彩实施设计（2003年，城市基础设施整备公团东京分部），优雅贝塚色彩规划（2003年，城市基础设施整备公团九州分部），户田市环境色彩指南制定（2003年，户田市），奈良县色彩指南制定调查（2004年，奈良县），云雀丘改建外装修色彩规划（2004年，城市基础设施整备公团），花小金井站北口地区色彩规划（2004年，城市基础设施整备公团），小田原市环境色彩基准制定调查（2005年），藤泽市制定环境色彩基准的调查（2005年），丰州3町目地区设计指南色彩基准制定（2005年，城市再生机构），岩手县街区建设建言（岩手县），小田原市景观审议会委员、该市景观建言（小田原市），川崎市城市景观审议会委员、该审议会专业部会委员（川崎市），春日部市城市景观建言（春日部市），北九州市景观建言（北九州市），上越市景观建言（上越市），配色师鉴定考试1级试题委员会委员（东京商工会议所），东京都广告设施审议会委员（东京都），户田市城市景观审议会委员、该市景观建言（户田市），秦野市景观街区建设制度研究委员会委员（秦野市），富山县景观建言（富山县），富士宫市城市景观审议会委员（富士宫市），藤泽市城市景观建言、该市城市景观审议会委员（藤泽市），大和市街区建设专家（大和市），横须贺市城市景观审议会委员、该市景观专业委员、该市色彩建言（横须贺市），首都高速公路景观改善委员会委员（首都高速公路技术中心），Auto Color Awards 2005审查委员（日本流行色协会）。